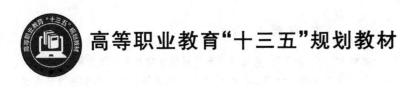 高等职业教育"十三五"规划教材

4G 全网通信技术

贾　跃　编著

北京邮电大学出版社
www.buptpress.com

内 容 简 介

本书以实际工程项目为载体,分别对 4G 无线接入网、核心网及承载网的组建与调试进行阐述,内容涉及 4G 网络结构与容量的规划、4G 系统设备的安装与连接、4G 移动业务的配置与测试。本书采用任务描述、知识准备、任务实施和验收评价的任务驱动形式对 4G 关键技术及网络建设步骤进行了讲解,使读者能够直接、感性地学习移动通信技术,并在网络组建与测试的过程中应用所学知识,提升操作技能。

本书力求改变以操作验证原理的传统教材模式,以 4G 移动网络组建与维护工作过程为框架,对知识和技能进行筛选组合,形成了既具独立性,彼此间又紧密相连的教学任务,实现了知识和技能的过程化学习。本书可作为高职高专院校通信技术及相关专业学生的教材,也可作为通信行业中从事网络规划、建设、维护的工程技术人员的培训教材或参考手册。

图书在版编目(CIP)数据

4G 全网通信技术 / 贾跃编著. -- 北京:北京邮电大学出版社,2019.7
ISBN 978-7-5635-5752-3

Ⅰ. ①4… Ⅱ. ①贾… Ⅲ. ①第四代移动通信系统 Ⅳ. ①TN929.537

中国版本图书馆 CIP 数据核字(2019)第 132615 号

书　　　名:	4G 全网通信技术
作　　　者:	贾　跃
责任编辑:	孙宏颖
出版发行:	北京邮电大学出版社
社　　　址:	北京市海淀区西土城路 10 号(邮编:100876)
发 行 部:	电话:010-62282185　传真:010-62283578
E-mail:	publish@bupt.edu.cn
经　　　销:	各地新华书店
印　　　刷:	保定市中画美凯印刷有限公司
开　　　本:	787 mm×1 092 mm　1/16
印　　　张:	13.25
字　　　数:	333 千字
版　　　次:	2019 年 7 月第 1 版　2019 年 7 月第 1 次印刷

ISBN 978-7-5635-5752-3 定　价:32.00 元

· 如有印装质量问题,请与北京邮电大学出版社发行部联系 ·

前　言

随着移动通信技术的发展以及 4G 系统在国内的普及与应用,移动通信网络正越来越广泛地影响着人们的日常生活。4G 是在 3G 的基础上发展起来的,采用了宽带无线接入和分布式全 IP 网络结构。作为新一代移动通信技术,4G 具有传输速率更快、频率利用率更高、网络频谱更宽、系统容量更大、灵活性更强、多媒体传输质量更高、兼容性更平滑等优势。理论上 4G 网速约为 3G 的 50 倍,实际体验也就在 10 倍左右,上网速度可以媲美 20 MB 家庭宽带。

近年来,我国的 4G 网络以前所未有的速度迅猛发展,国内移动运营商不断对 4G 网络进行建设、扩容和升级改造。规模不断增大的 4G 移动网络需要大量工程技术人员进行系统规划、设备安装、业务配置、数据测试、性能评估及网络优化等工作。如今,我国 4G 产业链的发展已跻身国际前列,4G 还将进一步促进互联网业务的蓬勃发展。TDD 制式在世界舞台上扮演着越来越重要的角色,也为 5G 关键技术的研发与应用打下了坚实的基础。

本书以实际工程项目为载体,分别对 4G 无线接入网、核心网及承载网的组建与调试进行阐述,内容涉及 4G 网络结构与容量的规划、4G 系统设备的安装与连接、4G 移动业务的配置与测试。本书采用任务描述、知识准备、任务实施和验收评价的任务驱动形式对 4G 关键技术及网络建设步骤进行了讲解,使读者能够直接、感性地学习移动通信技术,并在网络组建与测试的过程中应用所学知识,提升操作技能。

本书共分为 6 个任务。任务 1 介绍了 4G 的发展和特征、4G 网络的结构、无线接入网结构和容量规划、核心网结构和容量规划;任务 2 介绍了 4G 的关键技术、4G 无线网络物理层结构、无线接入网设备安装、核心网设备安装;任务 3 介绍了 4G 的接口与协议、4G 核心网主要概念、越区切换和漫游、无线接入网数据配置、核心网数据配置;任务 4 介绍了计算机网络结构和工作原理、TCP/IP 协议的层次结构和各协议功能、4G 承载网拓扑结构与容量规划;任务 5 介绍了虚拟局域网的概念和划分方法、路由器工作原理、路由表的结构和路由协议的种类、OTN 单板、4G 承载网设备的安装和连接;任务 6 介绍了 VLAN 间路由、IP 地址的规划、路由的规划、OTN 电交叉的规划、4G 承载网数据配置、4G 承载网连通性测试。

本书结构清晰,语言简洁,力求改变以操作验证原理的传统教材模式,以 4G 移动网络组建与维护工作过程为框架,对知识和技能进行筛选组合,形成了既具独立性,彼此间又紧密相连的教学任务,实现了知识和技能的过程化学习。本书可作为高职高专院校通信技术及相关专业学生的教材,也可作为移动通信行业中从事网络规划、建设、维护的工程技术人员的培训教材或参考手册。

本书由北京信息职业技术学院贾跃编著,感谢所有在本书写作过程中给予笔者指导、帮助和鼓励的朋友,正是有了你们的付出,才使本书得以顺利完成。由于时间有限,书中难免存在疏漏与错误,欢迎广大读者批评指正。

编著者

目　　录

任务 1 规划无线及核心网

【学习目标】

◇ 了解 LTE 的技术发展和特点。

◇ 掌握 LTE 的网络结构和网元功能。

◇ 熟悉 LTE 无线接入网的规划步骤和内容。

◇ 熟悉 LTE 核心网的规划步骤和内容。

1.1 任务描述

规划是组建通信网络的第一步,也是关键的一步。4G 移动通信系统由无线接入网、核心网和承载网组成,其中无线及核心网的规划包括了网络拓扑结构设计、覆盖规划、容量规划、无线参数规划等。本次任务使用仿真软件设计 4G 核心网拓扑结构,规划 4G 无线接入网及核心网容量,为后续内容打下基础。设计与规划针对万绿、千湖和百山 3 座城市进行。其中,万绿市位于平原,是移动用户数量在 1 000 万以上的大型人口密集城市;千湖市四周为湖泊,是移动用户数量在 500 万~1 000 万的中型城区城市;百山市位于山区,是移动用户数量在 500 万以下的小型城郊城市。

本次 4G 无线及核心网规划共涉及了 5 个机房。无线接入网侧为 3 个机房,即万绿市 A 站点机房、千湖市 A 站点机房、百山市 A 站点机房;核心网侧为 2 个机房,即万绿市核心网机房和千湖市核心网机房。其中,万绿市站点机房与万绿市核心网机房连接;千湖市和百山市站点机房共同接入千湖市核心网机房。站点机房与核心网机房的对应关系如表 1-1 所示。

表 1-1 站点机房与核心网机房的对应关系

序 号	城市名称	城市规模	核心网	无线接入网
1	万绿	大型人口密集城市	万绿市核心网机房	万绿市 A 站点机房
2	千湖	中型城区城市	千湖市核心网机房	千湖市 A 站点机房
3	百山	小型城郊城市		百山市 A 站点机房

1.2 知识准备

1.2.1 移动通信的发展

移动通信的历史可以追溯到 20 世纪初,但其在近 30 年来才得到飞速发展。移动通信技术的发展以开辟新的移动通信频段、有效利用频率和移动台的小型化与轻便化为中心,其中有效利用频率技术是移动通信的核心。自 1968 年贝尔实验室提出蜂窝移动通信系统概念以来,移动通信已经经历了四代系统的演变,如图 1-1 所示。

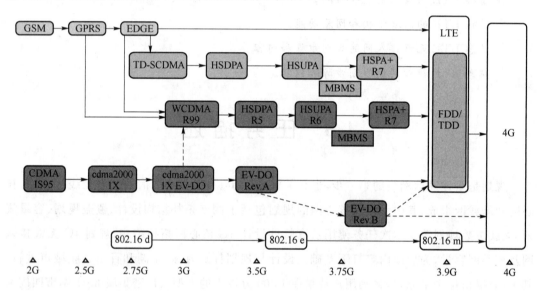

图 1-1 移动通信的发展历程

1. 第一代移动通信系统

第一代移动通信系统(1G)是采用蜂窝技术组网、仅支持模拟语音通信的移动电话标准,制定于 20 世纪 80 年代,主要采用的是模拟技术和频分多址(Frequency Division Multiple Access,FDMA)技术。以美国的高级移动电话系统(Advanced Mobile Phone System,AMPS)、英国的全接入移动通信系统(Total Access Communications System,TACS)以及日本的 JTAGS 为代表。各标准彼此不能兼容,无法互通,不能支持移动通信的长途漫游,只是一种区域性的移动通信系统。第一代移动通信系统的主要特点是:

① 模拟话音直接调频;

② 多信道共用和 FDMA 接入方式;

③ 频率复用的蜂窝小区组网方式和越区切换;

④ 无线信道的随机变参特征使无线电波受多径快衰落和阴影慢衰落的影响;

⑤ 受环境噪声和多类电磁干扰的影响;

⑥ 无法与固定电信网络迅速向数字化推进相适应,数据业务很难开展。

2. 第二代移动通信系统

模拟移动通信系统本身的缺陷,如频谱效率低、网络容量有限、业务种类单一、保密性差等,已使得其无法满足人们的需求。20 世纪 90 年代初期人们开发了基于数字技术的移动通信系统——数字蜂窝移动通信系统,即第二代移动通信系统(2G)。第二代移动通信系统主要采用时分多址(Time Division Multiple Access,TDMA)或窄带码分多址(Code Division Multiple Access,CDMA)技术。最具代表性的是全球移动通信系统(Global System of Mobile communication,GSM)和 CDMA 系统,这两大系统在目前世界移动通信市场占据着主要的份额。

GSM 是由欧洲提出的第二代移动通信标准,较以前标准最大的不同是其信令和语音信道都是数字的。CDMA 移动通信技术是由美国提出的第二代移动通信系统标准,其最早用于军事通信,直接扩频和抗干扰性是其突出的特点。第二代移动通信系统的核心网以电路交换为基础,语音业务仍然是其主要承载的业务。随着各种增值业务的不断增长,第二代移动通信系统也可以传输低速的数据业务。目前第二代移动通信系统正在得到广泛的使用,其特征包括:

① 有效利用频谱,数字方式比模拟方式能更有效地利用有限的频谱资源。随着更好的语音信号压缩算法的推出,每个信道所需的传输带宽越来越窄;

② 高保密性,模拟系统使用调频技术,很难进行加密,而数字调制是在信息本身编码后再进行调制的,故容易引入数字加密技术;

③ 可灵活地进行信息变换及存储。

3. 第三代移动通信系统

尽管基于话音业务的移动通信网已经满足了人们对于话音移动通信的需求,但是随着社会经济的发展,人们对数据通信业务的需求日益增高,已不再满足于以话音业务为主的移动通信服务。第三代移动通信系统(3G)是在第二代移动通信技术的基础上进一步演进产生的,以宽带 CDMA 技术为主,能同时提供话音和数据业务。

3G 与 2G 最大的区别是传输语音和数据速率的提升,它能够在全球范围内更好地实现无线漫游,并可以处理图像、音乐、视频流等多种媒体形式,提供包括网页浏览、电话会议、电子商务等多种信息服务,同时考虑了与已有第二代系统的良好兼容。目前我国支持 3 种国际电信联盟确定的无线接口标准,即中国电信运营的 cdma2000(Code Division Multiple Access 2000)、中国联通运营的 WCDMA(Wideband Code Division Multiple Access)和中国移动运营的 TD-SCDMA(Time-Division Synchronous Code Division Multiple Access)。

TD-SCDMA 由我国信息产业部电信科学技术研究院提出,采用不需要成对频谱的时分双工(Time Division Duplexing,TDD)工作方式,以及 FDMA/TDMA/CDMA 相结合的多址接入技术,载波带宽为 1.6 MHz,适合支持上下行不对称业务。TD-SCDMA 系统还采用了智能天线、同步 CDMA、自适应功率控制、联合检测及接力切换等技术,使其具有频谱利用率高,抗干扰能力强,系统容量大等特点。WCDMA 源于欧洲,同时与日本的几种技术相融合,是一个宽带直扩码分多址(Direct Sequence-Code Division Multiple Access,DS-CDMA)系统。其核心网采用基于演进的 GSM/GPRS 网络技术,载波带宽为 5 MHz,可支持 384 kbit/s～2 Mbit/s 的数据传输速率。在同一传输信道中,WCDMA 可同时提供电路交换和分组交换的服务,提高了无线资源的使用效率。WCDMA 支持同步/异步基站运行模式,采用上下行快速功率控制、下行发射分集等技术。cdma2000 由美国高通公司为主导提出，是在 IS-95 基础上的进一步发展。它分为两个阶段，即 cdma2000 1x EV-DO (Data Optimized) 和 cdma2000 1x EV-DV(Data and Voice)。cdma2000 空中接口保持了许多 IS-95 空中接口的特征，同时为了支持高速数据业务，还提出了许多新技术，包括前向发射分集、前向快速功率控制、增加快速寻呼信道和上行导频信道等。

第三代移动通信系统具有如下基本特征：

① 具有更高的频谱效率、更大的系统容量；

② 能提供高质量业务，并具有多媒体接口，快速移动环境最高速率达 144 kbit/s，室外环境最高速率达 384 kbit/s，室内环境最高速率达 2 Mbit/s；

③ 具有更好的抗干扰能力，利用宽带特性，通过扩频通信抵抗干扰；

④ 支持频间无缝切换，从而支持多层次小区结构；

⑤ 可从 2G 平滑过渡、演进而来，并与固网兼容。

4. 第四代移动通信系统

尽管目前 3G 的各种标准和规范已冻结并获得通过，但 3G 系统仍存在很多不足，如采用电路交换，而不是纯 IP(Internet Protocol)方式；最大传输速率达不到 2 Mbit/s，无法满足用户高带宽要求；多种标准难以实现全球漫游等。正是 3G 的局限性推动了人们对下一代移动通信系统——4G——的研究和期待。第四代移动通信系统可称为宽带接入和分布式网络，其网络采用全 IP 的结构。4G 网络采用许多关键技术来支撑，包括正交频分复用 (Orthogonal Frequency Division Multiplexing，OFDM)、多载波调制、自适应调制和编码 (Adaptive Modulation and Coding，AMC)、多输入多输出 (Multiple-Input Multiple-Output，MIMO)、智能天线、基于 IP 的核心网、软件无线电等。另外，4G 使用网关与传统网络互联，形成了一个复杂的多协议网络。

第四代移动通信系统具有如下特征。

① 传输速率更快：高速移动用户 (250 km/h) 的数据速率为 2 Mbit/s；中速移动用户 (60 km/h) 的数据速率为 20 Mbit/s；低速移动用户 (在室内者或步行者) 的数据速率为 100 Mbit/s。

② 频谱利用效率更高：4G 在开发和研制过程中使用了许多功能强大的突破性技术，无线频谱的利用比第二代和第三代系统有效得多，而且速度相当快，下载速率可达到 5～10 Mbit/s。

③ 网络频谱更宽：每个 4G 信道占用 100 MHz 以上的带宽，而 3G 网络的带宽则在 5～20 MHz 之间。

④ 系统容量更大：4G 将采用新的网络技术 (如空分多址等) 来极大地提高系统容量，以满足未来大信息量的需求。

⑤ 灵活性更强：4G 系统采用智能技术，可自适应地进行资源分配。利用智能信号处理技术，保障在信道条件不同的各种复杂环境中实现信号的正常收发。另外，用户可使用各式各样的设备接入 4G 系统。

⑥ 更高质量的多媒体通信：4G 网络的无线多媒体通信服务包括语音、数据、影像等，大量信息通过宽频信道传送出去，让用户可以在任何时间、任何地点接入系统中。4G 是一种实时、宽带、无缝覆盖的多媒体移动通信。

⑦ 兼容性更平滑：4G 系统具备全球漫游、接口开放、能跟多种网络互联、终端多样化以及能从第二代系统平稳过渡等特点。

⑧ 通信费用更加便宜。

1.2.2　LTE 的发展和特征

第三代移动通信系统普遍采用的是码分多址技术,此技术能支持的最大带宽为 5 MHz,因此 3G 系统很难达到较高的通信速率,提供无线多媒体业务的能力和质量无法满足人们参与网络、享受网络生活的通信需求。同时,为应对全球微波接入等新兴无线宽带接入技术的市场竞争,2004 年年底,第三代合作伙伴计划(The 3rd Generation Partnership Project,3GPP)标准化组织提出了通用移动通信系统(Universal Mobile Telecommunications System,UMTS)的长期演进(Long Term Evolution,LTE)项目,并在 2009 年 3 月发布了 LTE R8 版本标准,原则上完成了 LTE 标准草案,LTE 进入实质研发阶段。2010 年 5 月,中国移动在上海世界博览会上率先建设了全球首个 TD-LTE 规模演示网。作为 3G 向 4G 演进的主流技术,它通常被通俗地称为 3.9G。

LTE 改进并增强了 3G 的空中接入技术,采用 OFDM 和 MIMO 作为其无线网络演进的唯一标准,能显著改善小区边缘用户的性能,提高小区容量和降低系统延迟。与 3G 相比,LTE 的技术特征包括:

① 提高了通信速率,下行峰值速率可达 100 Mbit/s,上行可达 50 Mbit/s;
② 提高了频谱利用率,下行链路可达 5 bit/(s·Hz),上行链路可达 2.5 bit/(s·Hz);
③ 以分组域业务为主要目标,系统整体架构基于分组交换;
④ 通过系统设计和严格的服务质量机制,保证了实时业务(如网络电话)的服务质量;
⑤ 系统部署灵活,支持 1.25~20 MHz 间的多种系统带宽;
⑥ 降低了无线网络时延,子帧长度为 0.5 ms 和 0.675 ms;
⑦ 在保持基站位置不变的情况下增加了小区边界的比特速率;
⑧ 强调向下兼容,支持与已有 3G 系统的协同运作。

1.2.3　LTE 的频段和频点

根据双工方式的不同,LTE 系统分为频分双工(Frequency Division Duplexing,FDD)和时分双工(Time Division Duplexing,TDD)两种。两者的区别表现在空口物理层上,如帧结构、时分设计、同步等。FDD 系统空口上下行采用成对频段接收和发送数据,而 TDD 系统上下行则使用相同的频段在不同时隙上传输。与 FDD 方式相比,TDD 有着较高的频谱利用率。TDD-LTE 习惯上又被简称为 TD-LTE。

频段(band)是频率的一段范围,频点是频段内的一个频率点。举例来说,在 LTE 中的频段 40 是从 2 300~2 400 MHz,共占用了 100 MHz 的带宽。由于 LTE 系统以 0.1 MHz 作为频率的最小使用单元,因此频段 40 内包含有 100/0.1=1 000 个频点。LTE 系统共划分了 44 个频段,FDD 占了 32 个,TDD 占了 12 个,如表 1-2 所示。

表 1-2　LTE 频段的划分

频　段	上行(uplink)频率范围	下行(downlink)频率范围	双工模式
1	1 920~1 980 MHz	2 110~2 170 MHz	FDD
2	1 850~1 910 MHz	1 930~1 990 MHz	FDD

频　段	上行(uplink)频率范围	下行(downlink)频率范围	双工模式
3	1 710～1 785 MHz	1 805～1 880 MHz	FDD
4	1 710～1 755 MHz	2 110～2 155 MHz	FDD
5	824～849 MHz	869～894 MHz	FDD
6	830～840 MHz	875～885 MHz	FDD
7	2 500～2 570 MHz	2 620～2 690 MHz	FDD
8	880～915 MHz	925～960 MHz	FDD
9	1 749.9～1 784.9 MHz	1 844.9～1 879.9 MHz	FDD
10	1 710～1 770 MHz	2 110～2 170 MHz	FDD
11	1 427.9～1 452.9 MHz	1 475.9～1 500.9 MHz	FDD
12	698～716 MHz	728～746 MHz	FDD
13	777～787 MHz	746～756 MHz	FDD
14	788～798 MHz	758～768 MHz	FDD
...	...	...	...
17	704～716 MHz	734～746 MHz	FDD
18	815～830 MHz	860～875 MHz	FDD
19	830～845 MHz	875～890 MHz	FDD
20	832～862 MHz	791～821 MHz	FDD
21	1 447.9～1 462.9 MHz	1 495.9～1 510.9 MHz	FDD
22	3 410～3 490 MHz	3 510～3 590 MHz	FDD
23	2 000～2 020 MHz	2 180～2 200 MHz	FDD
24	1 626.5～1 660.5 MHz	1 525～1 559 MHz	FDD
25	1 850～1 915 MHz	1 930～1 995 MHz	FDD
26	814～849 MHz	859～894 MHz	FDD
27	807～824 MHz	852～869 MHz	FDD
28	703～748 MHz	758～803 MHz	FDD
...	...	...	...
33	1 900～1 920 MHz	1 900～1 920 MHz	TDD
34	2 010～2 025 MHz	2 010～2 025 MHz	TDD
35	1 850～1 910 MHz	1 850～1 910 MHz	TDD
36	1 930～1 990 MHz	1 930～1 990 MHz	TDD
37	1 910～1 930 MHz	1 910～1 930 MHz	TDD
38	2 570～2 620 MHz	2 570～2 620 MHz	TDD
39	1 880～1 920 MHz	1 880～1 920 MHz	TDD
40	2 300～2 400 MHz	2 300～2 400 MHz	TDD
41	2 496～2 690 MHz	2 496～2 690 MHz	TDD
42	2 400～2 600 MHz	2 400～2 600 MHz	TDD
43	2 600～2 800 MHz	2 600～2 800 MHz	TDD
44	703～803 MHz	703～803 MHz	TDD

　　因为不同频段所占带宽不同,所以每个频段内包含的频点数目也不相同。某频点的频率值可由其对应的频点号及其所在频段的最低频率值和最小频点号通过公式计算获得。LTE 频段与频点号的对应关系如表 1-3 所示。

　　① 上行频点计算公式:$F_{UL} = F_{UL\_low} + 0.1(N_{UL} - N_{UL\_low})$。

　　其中 F_{UL} 为频点的上行频率,F_{UL_low} 为频点所在频段的最低上行频率,N_{UL} 为频点的上行频点号,N_{UL_low} 为频点所在频段的最小上行频点号。

　　② 下行频点计算公式:$F_{DL} = F_{DL\_low} + 0.1(N_{DL} - N_{DL\_low})$。

　　其中 F_{DL} 为频点的下行频率,F_{DL_low} 为频点所在频段的最低下行频率,N_{DL} 为频点的下行频点号,N_{DL_low} 为频点所在频段的最小下行频点号。

表 1-3　LTE 频段与频点号的对应关系

频　段	上行频点号范围	下行频点号范围	双工模式
1	18 000~18 599	0~599	FDD
2	18 600~19 199	600~1 199	FDD
3	19 200~19 949	1 200~1 949	FDD
4	19 950~20 399	1 950~2 399	FDD
5	20 400~20 649	2 400~2 649	FDD
6	20 650~20 749	2 650~2 749	FDD
7	20 750~21 449	2 750~3 449	FDD
8	21 450~21 799	3 450~3 799	FDD
9	21 800~22 149	3 800~4 149	FDD
10	22 150~22 749	4 150~4 749	FDD
11	22 750~22 949	4 750~4 749	FDD
12	23 010~23 179	5 010~5 179	FDD
13	23 180~23 279	5 180~5 279	FDD
14	23 280~23 379	5 280~5 379	FDD
...	...	...	...
17	23 730~23 849	5 730~5 849	FDD
18	23 850~23 999	5 850~5 999	FDD
19	24 000~24 149	6 000~6 149	FDD
20	24 150~24 449	6 150~6 449	FDD
21	24 450~24 599	6 450~6 599	FDD
22	24 600~25 399	6 600~7 399	FDD
23	25 500~25 699	7 500~7 699	FDD
24	25 700~26 039	7 700~8 039	FDD
25	26 040~26 689	8 040~8 689	FDD
26	26 690~27 039	8 690~9 039	FDD
27	27 040~27 209	9 040~9 209	FDD
28	27 210~27 659	9 210~9 659	FDD
...	...	...	...

续 表

频 段	上行频点号范围	下行频点号范围	双工模式
33	36 000～36 199	36 000～36 199	TDD
34	36 200～36 349	36 200～36 349	TDD
35	36 350～36 949	36 350～36 949	TDD
36	36 950～37 549	36 950～37 549	TDD
37	37 550～37 749	37 550～37 749	TDD
38	37 750～38 249	37 750～38 249	TDD
39	38 250～38 649	38 250～38 649	TDD
40	38 650～39 649	38 650～39 649	TDD
41	39 650～41 589	39 650～41 589	TDD
42	41 590～43 589	41 590～43 589	TDD
43	43 590～45 589	43 590～45 589	TDD
44	45 590～46 589	45 590～46 589	TDD

1.2.4　LTE 的网络结构

LTE 系统由演进型分组核心网（Evolved Packet Core，EPC）、演进型通用陆地无线接入网（Evolved Universal Terrestrial Radio Access Network，E-UTRAN）和用户设备（User Equipment，UE）3 部分组成，如图 1-2 所示。其中，EPC 又被称为系统结构演进（System Architecture Evolution，SAE），EPC 和 E-UTRAN 统称为演进型分组系统（Evolved Packet System，EPS）。

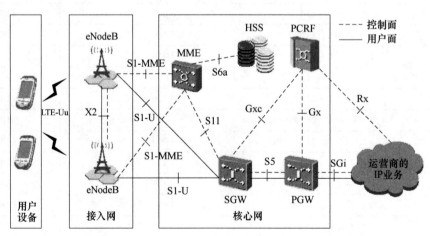

图 1-2　LTE 的网络结构

1. LTE 无线接入网

为了简化信令流程和缩短时延，LTE 无线接入网舍弃了 UTRAN 传统的无线网络控制器（Radio Network Controller，RNC）连接基站节点（Base Station Node，NodeB）的两层结构，完全由多个演进型基站节点（Evolved Base Station Node，eNodeB 或 eNB）组成扁平化单层结构。RNC 的功能被归入 eNodeB 及核心网设备中。eNodeB 之间由 X2 接口互相连接,底层采用 IP 传输,这种网络结构设计有利于 UE 在整个网络中的移动性,实现用户的无缝切换。每个 eNodeB 通过 S1 接口与 EPC 相连,更确切地说,通过接口 S1-MME 连接到移动性管理实体(Mobile Management Entity,MME),通过接口 S1-U 连接到服务网关(Serving Gateway,SGW)。eNodeB 具有如下功能。

① 无线资源管理功能,如无线承载控制、接纳控制、连接移动性管理、上/下行动态资源分配与调度等。

② IP 头压缩与用户数据流的加密。

③ UE 附着时的 MME 选择。由于 eNodeB 可以与多个 MME/SGW 之间存在 S1 接口,因此在 UE 初始接入网络时,需要选择一个 MME 进行附着。

④ 寻呼信息的调度和传输。

⑤ 广播信息的调度和传输。

⑥ 用于移动和调度的测量以及测量报告的配置。

2. LTE 分组核心网

LTE 分组核心网负责对用户终端的全面控制和相关承载的建立,主要逻辑节点包括移动性管理实体、服务网关、分组数据网络网关(Packet Data Network Gateway,PGW)、用户归属服务器(Home Subscriber Server,HSS)、策略与计费规则功能实体(Policy and Charging Rule Functionality,PCRF)等。其中 SGW 和 PGW 逻辑上分设,物理上可以合设或分设。MME 通过 S6a 接口与 HSS 相连,通过 S11 接口与 SGW 相连。SGW 和 PGW 之间的接口是 S5/S8。各节点功能如下。

(1) MME 的功能

MME 为控制面功能实体,是临时存储用户数据的服务器,负责管理和存储 UE 相关信息,比如 UE 用户标识、移动性管理状态、用户安全参数,为用户分配临时标识等。当 UE 驻扎在 MME 所在网络时负责对该用户进行鉴权,处理 MME 和 UE 之间的所有非接入层消息。

(2) SGW 的功能

SGW 为用户面功能实体,负责用户面数据路由处理,终结处于空闲状态 UE 的下行数据,管理和存储 UE 的承载信息,比如 IP 承载业务参数和网络内部路由信息。

(3) PGW 的功能

PGW 是 UE 接入分组数据网络(Packet Data Network,PDN)的网关,负责分配用户 IP 地址,同时也是 3GPP 和非 3GPP 接入系统的移动性锚点。用户在同一时刻能够接入多个 PDN。

(4) HSS 的功能

HSS 存储、管理用户签约数据,包括用户鉴权信息、位置信息及路由信息。

(5) PCRF 的功能

PCRF 主要根据业务信息、用户签约信息以及运营商的配置信息产生控制用户数据传递的服务质量(Quality of Service,QoS)及计费规则。该功能实体也可以控制接入网中承载的建立和释放。

1.2.5　LTE 无线接入网规划

1. 无线接入网规划流程

（1）无线接入网规划的目标

无线网络规划主要指通过链路预算、容量估算，给出基站规模和基站配置，以满足覆盖、容量的网络性能指标。网络规划必须要达到服务区内最大限度无缝覆盖；科学预测话务分布，合理布局网络，均衡话务量，在有限带宽内提高系统容量；最大限度地减少干扰，达到所要求的服务质量；在保证话音业务的同时，满足高速数据业务的需求；优化无线参数，达到系统最佳的 QoS；在满足覆盖、容量和服务质量的前提下，尽量减少系统设备单元，降低成本。

（2）无线接入网规划的步骤和内容

无线接入网规划分为调查、分析、勘察、仿真 4 个阶段，如图 1-3 所示。主要工作步骤和内容如下。

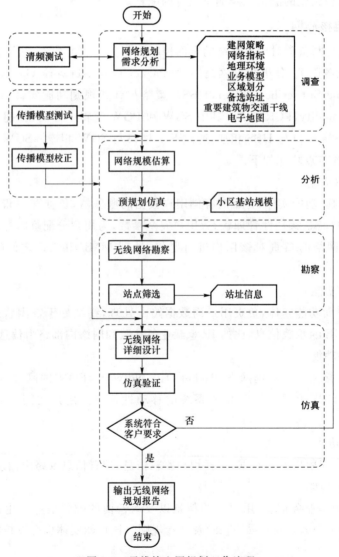

图 1-3　无线接入网规划工作流程

① 网络建设需求分析:主要分析网络覆盖区域、网络容量和网络服务质量。

② 无线环境分析:包括清频测试和传播模型测试与校正。其中清频测试是为了找出当前规划项目准备采用的频段是否存在干扰,并找出干扰方位及强度,从而为当前项目选用合适频点提供参考,也可用于网络优化中的问题定位。传播模型测试与校正通过针对规划区的无线传播特性测试,由测试数据进行模型校正后得到规划区的无线传播模型,从而为覆盖预测提供准确的数据基础。

③ 无线接入网规模估算:包含覆盖规模估算和容量规模估算。针对规划区的不同区域类型,综合覆盖规模估算和容量规模估算,做出比较准确的网络规模估算。

④ 预规划仿真:根据规模估算的结果在电子地图上按照一定的原则进行站点的模拟布点和网络的预规划仿真。

⑤ 无线接入网勘察:根据拓扑结构设计结果,对候选站点进行勘察和筛选。

⑥ 无线接入网详细设计:主要指工程参数和无线参数的规划等。

⑦ 网络仿真验证:验证网络站点布局后的网络覆盖、容量性能。

⑧ 规划报告:输出最终的网络规划报告。

(3) 无线接入网规划的要点

无线接入网规划的要点包括规模估算和无线参数规划,规模估算又分覆盖规划、容量规划两大部分。

① 覆盖规划

根据不同无线环境传播模型和不同覆盖率要求等设计基站规模,达到无线网络规划初期对网络各种业务的覆盖要求。进行覆盖规划时,要充分考虑无线传播环境。无线电波在空间衰减存在较多的不可控因素,相对比较复杂,应对不同的无线环境进行合理区分,通过模型测试和校正,滤除无线传播环境对无线信号快衰落的影响,得到合理的站间距。

② 容量规划

根据不同用户业务类型和话务模型来进行网络容量规划。一般在城区的业务量比在郊区的业务量大,同时各种地区的业务渗透率也有很大不同,应对规划区域进行合理区分,预测业务量并完成容量规划。

③ 无线参数规划

确定站点位置后,需要进行无线参数规划,包括小区标识(Cell Identifier,Cell ID)、物理小区标识(Physical Cell Identifier,PCI)、频段、小区间干扰协调(Inter-Cell Interference Coordination,ICIC)、邻接关系、邻接小区等参数。

2. 无线传播模型

传播模型是移动通信网小区规划的基础,传播模型的准确与否关系到小区规划是否合理,运营商是否以比较经济合理的投资满足了用户的需求。

(1) 自由空间传播损耗

由于传播路径和地形的干扰,传播信号会变弱,这种信号强度的减小称为传播损耗。在空间传播中,影响无线电波损耗的因素有很多,包括地面吸收、反射、折射、衍射等。然而当无线电波在自由空间(各向同性、无吸收、电导率为零的均匀介质)中传播时,以上因素是不确定的。但这并不意味着无线电波在自由空间传播时没有损耗,电波经过一段距离传播之后,由于辐射能量扩散也会造成衰减(也称损耗)。自由空间传播损耗 FreeLoss 的公式为:

$$FreeLoss = 33.44 + 20\lg d + 20\lg f$$

从上式可以看出，发射天线与接收天线的距离 d 越大，自由空间传播损耗越大；无线电波频率 f 越大，自由空间传播损耗也越大。当 d 或 f 增大一倍时，自由空间传播损耗将加大 6 dB。

（2）传播模型介绍

在规划和建设一个移动通信网时，从频段确定、频率分配、确定无线电波的覆盖范围、计算通信概率及系统间的电磁干扰，直到最终确定无线设备的参数，都必须依靠对电波传播特性的研究、了解和据此进行的场强预测。而无线传播模型是一种通过理论研究与实际测试方法归纳出的反映无线传播损耗与频率、距离、环境、天线高度等变量间关系的数学公式。在无线网络规划中，无线传播模型可以帮助设计者了解在实际传播环境下的大致传播效果，估算空中传播的损耗。因此传播模型的准确与否关系到小区规划是否合理。

地球表面无线传播环境千差万别，不同环境的传播模型也会存在较大差异，所以传播环境对无线传播模型的建立起关键作用。确定某一特定地区传播环境的主要因素有：自然地形（高山、丘陵、平原、水域等），人工建筑的数量、高度、分布和材料特性，该地区的植被特征、天气状况，自然和人为的电磁噪声状况，系统工作频率和移动台运动状况。下面主要介绍 3 种常见的经验传播模型。

① 通用传播模型

通用传播模型适用于频率为 0.5～2.6 GHz、基站天线挂高为 30～200 m、终端高度为 1～10 m、通信距离为 1～35 km 的环境，模型公式为：

$$\text{PathLoss} = k_1 + k_2 \lg d + k_3 \text{Hms} + k_4 \lg \text{Hms} + k_5 \lg \text{Heff} + k_6 \lg \text{Heff} \cdot \lg d + k_7 \text{DiffractionLoss} + \text{ClutterLoss}$$

其中：PathLoss 为传播损耗，k_1 为衰减常数，k_2 为距离衰减常数，k_3、k_4 为移动台天线高度修正系数，k_5、k_6 为基站天线高度修正系数，k_7 为绕射修正系数，DiffractionLoss 为衍射损耗，ClutterLoss 为地物衰减修正值，d 为基站与移动台之间的距离（单位为 km），Hms 为移动台天线有效高度（单位为 m），Heff 为基站天线有效高度（单位为 m）。

通用传播模型中各参数的典型取值如表 1-4 所示。

表 1-4　通用传播模型参数典型值

参　数	密集城区	一般城区	郊　区	农　村	高　速
k_1	158	154	148	143	140
k_2	48	45	42	39	38
k_3	0	0	0	0	0
k_4	0	0	0	0	0
k_5	−13.82	−13.82	−13.82	−13.82	−13.82
k_6	−6.55	−6.55	−6.55	−6.55	−6.55
k_7	0.4	0.4	0.4	0.4	0.4

② Okumura-Hata 模型

Okumura-Hata 模型适用于频率为 150～1 500 MHz、基站天线挂高为 30～200 m、终端高度为 1～10 m、通信距离为 1～35 km 的环境，模型公式为：

$$\text{PathLoss} = 69.55 + 26.16 \lg f - 3.82 \lg h_b - \alpha(h_m) + (44.9 - 6.55 \lg h_b)(\lg d)^r + K_{\text{clutter}}$$

其中：PathLoss 为传播损耗，d 为传播距离（单位为 km），r 为远距离传播修正因子，f 为频率（单位为 MHz），h_b 为基站天线有效高度，h_m 为移动台天线有效高度，$a(h_m)$ 为移动台天线高度修正因子，$K_{clutter}$ 为对应各种地物的衰减校正因子。

③ Cost231-Hata 模型

Cost231-Hata 模型适用于频率为 1.5～2.6 GHz、基站天线挂高为 30～200 m、终端高度为 1～10 m、通信距离为 1～35 km 的环境，模型公式为：

$$\text{PathLoss} = 46.3 + 33.9\lg f - 3.82\lg h_b - a(h_m) + (44.9 - 6.55\lg h_b)(\lg d)^r + K_{clutter}$$

其中：PathLoss 为传播损耗，d 为传播距离（单位为 km），r 为远距离传播修正因子，f 为频率（单位为 MHz），h_b 为基站天线有效高度，h_m 为移动台天线有效高度，$a(h_m)$ 为移动台天线高度修正因子，$K_{clutter}$ 为对应各种地物的衰减校正因子。

（3）传播模型测试和校正

在移动通信系统中，由于移动台不断运动，因此传播信道不仅受多普勒效应的影响，而且还受地形、地物的影响，另外移动系统本身的干扰和外界的干扰也不能忽视。基于移动通信系统的上述特性，严格的理论分析很难实现，需对传播环境进行近似、简化，从而使理论模型误差较大。

不同网络间的无线传播环境千差万别，如果仅仅根据经验而无视各地不同地形、地貌、建筑物、植被等参数的影响，必然会导致所建成的网络或者存在覆盖、质量问题，或者所建基站过于密集，造成资源浪费。因此就需要针对不同网络间不同的地理环境进行测试，通过分析与计算等手段对传播模型的参数进行修正。最终得出最能反映当地无线传播环境的、最具有理论可靠性的传播模型，从而提高覆盖预测的准确性。

3. 网络容量估算

容量估算是指根据语音与数据业务的等效处理模型，结合各自业务类型，将各种业务折合成某种虚拟的等效业务，从而得出实现业务所需的容量站点数。

（1）容量估算流程

① 根据系统仿真结果，得到一定站间距下的单站吞吐量。

② 根据场景选择业务模型计算用户业务的吞吐量需求或者由用户给出。其中影响吞吐量需求的因素包括地理分区、用户数量、用户增长预测、保证速率等。

③ 根据以上两个结果计算容量站点数。

（2）场景分析

在各种应用场景中，由于用户分布、用户对具体的业务需求不同，需要研究不同应用场景中用户的具体行为和分布规律，提出具体的话务模型。基于业务类型的分布、业务发展策略以及区域内用户的动态分布、消费行为特征等，可以将业务分布区域分成 5 类，分别是密集城区、一般城区、郊区/乡镇、农村和室内覆盖，其中前 4 类主要考虑室外覆盖。

① 密集城区

密集城区的特点是建筑物的高度平均在 30～40 m，基站天线的高度相对其周围建筑物稍高，但是服务区内还存在较多的高大建筑物阻挡，街道建筑物的高度超过了街道宽度的两倍，扇区信号可能是从几个街区之外的建筑物后面传过来的。环境复杂，多径效应、阴影效应等需要重点考虑。

② 一般城区

对于一般城区，其扇区天线的安装位置相对于周围环境而言具有较好的高度优势，建筑物的平均高度在 15～30 m 之间,街道相对较宽(大于建筑物高度)。另外存在零星的高大建筑物,且服务区域内存在比较多的楼房,有树木,树木一般会比楼房高。

③ 郊区/乡镇

在郊区的扇区天线,其安装位置相对于周围环境而言具有较好的高度优势,建筑物的平均高度在 10～20 m 之间,街道相对较宽(大于建筑物高度)。服务区域内存在着比较多的楼房,且有树木,树木一般会比楼房稍高一些,同时存在一些有树木的开阔地。

④ 农村

地形具体可以分为平原和山区(起伏高度可能会在 20～400 m 之间,或者更高)。主要覆盖区域为交通道路和村庄。树木和山体的阻挡是主要的因素。

(3)话务模型分析

① 业务模型

业务模型是指业务种类和流量需求,也就是 LTE 数据业务的主要种类及每种业务的单位数据流量需求。LTE 仅提供数据业务,如网络电话(Voice over Internet Protocol,VoIP)、实时视频、交互式游戏、流媒体、视频点播、网上电视等。为了简化分析,业务模型的关键因子只包含每次会话中的激活数和每次激活的数据量。

② 用户分类

各种不同的用户所需要的数据业务模型和呼叫模型不同,需要对不同的数据业务用户进行分类。相比而言,不同用户群业务模型的差异要小一些,呼叫模型的差异是主要的。这是因为业务模型主要受限于技术能力和业务开发情况,业务模型的变化是缓慢的,在不同用户群之间的差异主要是由终端类型的差异引起的(如终端屏幕的大小);而呼叫模型则主要由运营策略和资费策略所决定,在不同用户群之间的差异较大,变化也较快。

③ 总业务流量需求

总的数据业务流量需求由每种业务的忙时呼叫次数,不同用户种类、业务种类的忙时呼叫次数和业务的单位数据流量需求所决定。同时每种业务的忙时呼叫次数与用户分类、用户行为、运营商策略等因素直接相关。

根据话务模型的上述重要因素,考虑覆盖场景和建网时期的不同,可以得到所需数据吞吐量需求。结合系统容量、规划区域用户数,通过容量估算确定满足容量需求的站点数,则:

$$容量估算站点数＝划区域总的吞吐量需求/站平均吞吐量$$

4. 网络覆盖估算

覆盖估算是指通过无线链路预算并结合传播模型,得到每种待规划业务的覆盖半径,再由需覆盖面积计算所需站点数。

(1)覆盖估算流程

① 确定链路预算中使用的传播模型。

② 根据传播模型,通过链路预算表分别计算满足上下行覆盖要求的小区半径。

③ 根据站型选择,计算单个站点覆盖面积。

④ 用规划区域面积除以单个站点覆盖面积,得到满足覆盖的站点数。

(2)链路预算

链路预算是通过对上下行信号传播途径中各种影响因素的考查和分析,估算覆盖能力,得到在保证一定信号质量下链路所允许的最大传播损耗。结合实际用户需求,设置链路预算各参数,可得出上下行链路预算结果:

$$允许的最大路径损耗(下行)＝终端天线增益＋频率选择性增益－人体损耗－$$
$$穿透损耗－阴影衰落＋切换增益$$
$$允许的最大路径损耗(上行)＝终端最大发射功率＋终端天线增益＋基站天线增益－$$
$$人体损耗－基站馈缆损耗－基站接收机噪声功率－所需信噪比－$$
$$干扰余量－穿透损耗－阴影衰落＋切换增益$$

（3）小区半径

链路预算是计算小区半径的前提,通过计算信道最大允许损耗,求得一定传播模型下小区的覆盖半径,从而确定满足连续覆盖条件的站点规模。

（4）站点选型与单站覆盖面积

① 站型分类

站型一般包括全向站和三扇区定向站,根据广播信道水平 3 dB 波瓣宽度的不同,常用的定向站又分为水平 3 dB 波瓣宽度为 65°的定向站和水平 3 dB 波瓣宽度为 90°的定向站两种,如图 1-4 所示。

(a) 全向站点　　　(b) 定向站点(65°,三扇区)　(c) 定向站点(90°,三扇区)

图 1-4　站型的分类

② 单站覆盖面积

根据小区半径,对应表 1-5 可计算出选择不同站型时的单站覆盖面积。

表 1-5　单站覆盖面积的计算

站　　型	全向站	65°定向站(三扇区)	90°定向站(三扇区)
面　　积	$S=2.6R^2$	$S=1.95R^2$	$S=2.6R^2$

（5）覆盖估算站点数

① 根据不同站型,通过小区半径,计算单站最大覆盖面积。

② 计算覆盖站点数,即覆盖站点数＝规划区域面积/单站最大覆盖面积。

覆盖估算和容量估算为大致了解规划区域内的基站规模提供了依据。在覆盖估算和容量估算的结果中,取最大者作为网络的规模需求。在建网初期,覆盖估算所需的基站数量会大于容量估算所需的基站数量。因此一般情况下,覆盖估算的基站规模就是网络的规模。

网络规模估算之后,就可以大致确定基站的数量和密度,利用专业仿真软件进行网络规模估算结果的验证工作。通过仿真来验证估算的基站数量和密度能否满足规划区对系统的覆盖和容量要求,以及混合业务可以达到的服务质量。

1.2.6　LTE 核心网规划

1. EPC 标准架构

（1）EPC 架构

EPC 架构如图 1-5 所示,主要由移动性管理实体(MME)、服务网关(SGW)、分组数据网络网关(PGW)及存储用户签约信息的 HSS 和策略与计费规则功能实体(PCRF)等组成,其中 SGW 和 PGW 逻辑上分设,物理上可以合设,也可以分设。

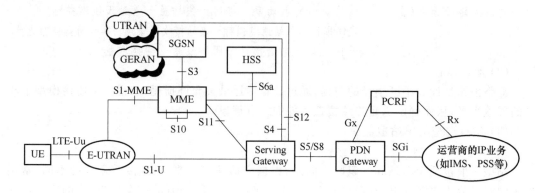

图 1-5　EPC 架构

EPC 架构秉承了控制与承载分离的理念,将 2G/3G 分组域中服务 GPRS 支持节点(Serving GPRS Support Node,SGSN)的移动性管理、信令控制功能和媒体转发功能分离出来,分别由两个网元来完成,其中 MME 负责移动性管理、信令处理等功能,SGW 负责媒体流处理及转发等功能。PGW 则仍承担网关 GPRS 支持节点(Gateway GPRS Support Node,GGSN)的职能。HSS 的职能与归属位置寄存器(Home Location Register,HLR)类似,但功能有所增强。新增的 PCRF 主要负责计费、QoS 等策略。

EPC 架构中各功能实体间的接口协议均采用基于 IP 的协议,一部分接口协议由 2G/3G 分组域标准演进而来,如 E-UTRAN 与 MME 间的 S1-MME 接口、E-UTRAN 与 SGW 间的 S1-U 接口、SGW 与 PGW 间的 S5S8 接口。另一部分接口协议是新增的,如 MME 与 HSS 间的 S6a 接口的 Diameter 协议。

(2) EPC 架构的特征

① 控制面与用户面完全分离,网络趋于扁平化。

② 支持 3GPP 与非 3GPP(如 Wi-Fi、WiMAX 等)多种方式的接入,并支持用户在 3GPP 网络和非 3GPP 网络之间的漫游和切换。

③ 核心网中不再有电路域,EPC 成为移动电信业务的基本承载网络。

2. EPC 网元部署方案

MME 主要负责控制层面信息的处理,为纯信令节点,不需要转发媒体数据,对传输带宽的要求较小。MME 与 eNodeB 之间采用 IP 方式连接,不存在传输带宽瓶颈和传输电路调度困难。另外 MME 与 eNodeB 之间本身就采用“星形”组网模式。因此在实际组网时适合采用集中设置的方式,一般以省为单位设置,并采用大容量 MME 网元节点,该方式有利于统一管理和维护,具有节能减排的优点。

HSS 负责存储用户数据、鉴权管理等功能,与 2G/3G 系统中 HLR 的功能类似,适合采用以省为单位集中设置的方式。

SGW 主要负责连接 eNodeB,以及 eNodeB 之间的漫游/切换。PGW 主要负责连接外部数据网,以及用户 IP 地址管理、内容计费、在 PCRF 的控制下完成策略控制。从媒体流处理上看,SGW、PGW 均负责用户媒体流的疏通,所有业务承载均采用“eNodeB-SGW-PGW”方式,不存在“eNodeB-eNodeB”“SGW-SGW”方式的业务承载。S/PGW 设置与媒体流的流量和流向相关,应根据业务量及业务类型,选择集中或分散的方式。当业务量较小且不需提供语音类点对点业务时,主要数据业务为"点到服务器"类型,S/PGW可采用集中设置的方式;当某些本地网业务量较大或需提供点对点业务时,可将S/PGW下移至本地网,尽量靠近用户,减少路由迂回。建网初期,互联网出口一般以集中设置为主,点对点业务量不大,因此适合采用集中设置的方式。

SGW与PGW可合并或分开设置,两者没有本质的区别。SGW与PGW合设时将通过承载网的路由转发,变为内部数据处理,减少了数据路由转发造成的时延。因此合设具有时延较小、转发效率较高的优点。另外从硬件投资考虑,合设有利于缩减开支、节能减排。因此对于通用数据业务,适合采用SGW与PGW合设。随着用户数量的增长以及业务类型的不断丰富,如对于物联网等行业应用,可设置专用独立的PGW。在现场组网中,可根据实际情况混合应用合并与分开设置方式。

3. EPC与无线网的连接

(1) MME与eNodeB间的互通

LTE无线系统中取消了无线网络控制器(Radio Network Controller,RNC)这个网元,将其功能分别移至基站eNodeB和核心网网元中,eNodeB直接与核心网互连,简化了无线系统的结构。但由于EPC采用控制与承载分离的架构,因此在业务处理过程中,eNodeB需通过S1接口分别与MME、SGW互通。eNodeB与MME间采用S1接口互通并控制信令信息,其间的网络组织有两种方案,即归属方式和全连接方式。

① 归属方式

归属方式中每个eNodeB固定由一个MME为之服务,点对点互连,如图1-6所示。该方案需在MME与其覆盖范围内的eNodeB间配置归属关系,通过IP承载网直接互连,这些eNodeB将用户发起的业务固定送到归属的MME进行处理。eNodeB与MME间配置归属关系的方式有静态耦联和动态耦联两种,其中静态耦联由MME和eNodeB相互预设对端耦联地址;动态耦联由eNodeB预先配置MME地址,eNodeB主动发起耦联建立申请后,MME才保存eNodeB地址。

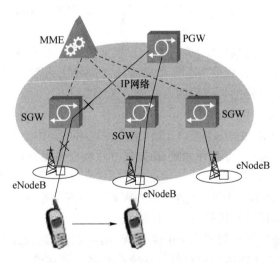

图1-6 归属方式网络组织方案

归属方式的优点是MME与eNodeB间网络组织相对简单,对网元的功能要求较低。归属方式的缺点是安全可靠性较低,当某一 MME 出现故障时,其覆盖区内 eNodeB 接入的业务均会受到影响;网内设有多个 MME 时,不能实现资源共享,会出现不同 MME 的负荷不均衡的情况。

② 全连接方式

全连接方式中每个 eNodeB 的业务由一组 MME 来处理,点对多点互连,如图 1-7 所示。该方案将网络中的多个 MME 组成池(Pool),一个 eNodeB 可与 MME 池中的多个 MME 互连。用户第一次附着在网络时,由 eNodeB 负责为用户选择 1 个 MME,同时 MME 为用户分配一个标识,来表明其归属的池及所在 MME。正常情况下,用户在 MME 池服务范围内漫游时不再更换为之服务的 MME。

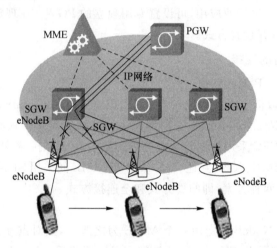

图 1-7　全连接方式网络组织方案

全连接方式的优点是由一组 MME 共同处理业务,具备容灾备份能力,网络安全可靠性较高;MME 向 eNodeB 反馈其负荷状态,eNodeB 根据各 MME 对应的负荷权重比例进行选择,可使池内的 MME 负荷相对均衡,资源利用率高。其缺点是对 eNodeB 及 MME 的功能要求较高,eNodeB 需具备为用户选择服务 MME 的节点功能;eNodeB 与 MME 间的网络组织相对复杂。

从网络可靠性及技术发展角度,应优选全连接方式。实际组网时,可将一定区域内(一般以省为单位或省内分区)设置的 MME 组成池,这些 MME 与池内的 eNodeB 通过 IP 承载网互连,eNodeB 按预先设定的选择原则与相应的 MME 互通。

(2)SGW 与 eNodeB 间的互通

eNodeB 与 SGW 间采用 S1-U 接口互通,主要传送用户媒体流及用户发生跨 eNodeB 切换时的信息,其间的网络组织有两种方案,即归属方式和全连接方式。

① 归属方式

归属方式是指 eNodeB 与某个(或两个)SGW 配置归属关系并经 IP 承载网互连,其发起的业务由 MME 直接选择其归属的 SGW 来疏通。

归属方式的优点是易于规划 eNodeB 与 SGW 间的 IP 电路及配置接口带宽,局端数据设置相对简单,对 MME 功能的要求较低。其缺点是网络可靠性较低,当某一 SGW 出现故障时,其服务的所有 eNodeB 接入业务均将受到影响;不同 eNodeB 覆盖范围内业务量不均衡时,其归属 SGW 的负荷也将出现不均衡,不能有效地利用资源;另外,当用户在不同 eNodeB

覆盖范围内进行业务切换时,需切换到其他 SGW 为之服务,增加了信令处理需求。

② 全连接方式

全连接方式是指 eNodeB 与区域内的多个 SGW 均经 IP 承载网互连,无归属关系,其业务由一组 SGW 负荷分担疏通。

全连接方式的优点是网络可靠性高,通过域名系统(Domain Name System,DNS)和 MME 的数据配置,可以实现 SGW 的冗灾备份;当用户在一组 SGW 服务区域内发生跨 eNodeB 业务切换时,仍由原 SGW 服务,可相对减少信令交互;一组 SGW 采用负荷分担方式工作,可避免服务区域内不同 eNodeB 接入业务量不均衡带来的问题,资源利用率高。其缺点是不易于规划 eNodeB 与 SGW 间的 IP 传输电路,接口带宽配置核算相对较难;对 MME 的功能要求较高,需要具备负荷分担选择 SGW 的功能。

在实际组网时,当省内 SGW 集中设置且数量较少时,可将这些 SGW 设置在同一组内,共同为省内的 eNodeB 服务;当 SGW 集中设置且数量较多时,可根据省内本地网划分和各地 LTE 业务量情况,将 SGW 分为多个组,每一组分别为所辖区域内的 eNodeB 服务。当 SGW 下放到本地网时,则将同一本地网内的 SGW 设为群组,只处理所辖本地网内 eNodeB 的业务。

(3) MME 间及 MME 与 S/PGW 间的互通

与 2G/3G 分组域不同,在 LTE 用户附着时,EPC 即为 LTE 用户建立"LTE 用户—eNodeB—SGW—PGW"的默认承载,MME 需为 LTE 用户选择 PGW 和 SGW。MME 收到用户附着请求或公用数据网(Public Data Network,PDN)连接请求消息后,MME 从该用户在 HSS 中的签约信息中获取接入点名称(Access Point Name,APN),向 DNS 获取该 APN 对应的 SGW 和 PGW 地址列表,再根据配置的策略选择最优的 SGW 和 PGW 组合,为用户建立默认承载。

从上述过程来看,MME 选择 S/PGW 需根据 DNS 解析的结果来实现,同样 MME 间的选择也需通过 DNS,因此在实际组网时不需特别规划其间的组网方式,只需在 MME、DNS 等节点配置相关数据,网元间经 IP 承载网直接互连。

① SGW 的选择

用户建立 PDN 连接时,MME 依据跟踪区标识(Tracking Area Identity,TAI)信息通过 DNS 进行选择,如图 1-8 所示。也就是在 DNS 中存储字符串"tac-lb. tac-hb. tac. epc. mnc <MNC>. mcc<MCC>. 3gppnetwork. org"与 SGW 地址的对应关系。

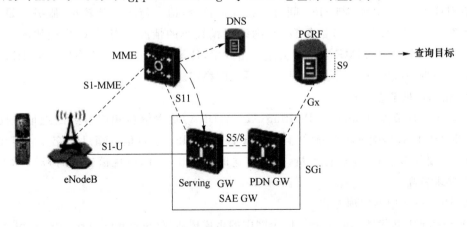

图 1-8   SGW 的选择

② PGW 的选择

用户建立 PDN 连接时,MME 根据 APN 信息通过 DNS 进行选择,如图 1-9 所示。也就是在 DNS 中存储字符串"< APN-NI >. apn. epc. mnc < MNC >. mcc < MCC >. 3gppnetwork. org"与 SGW 地址的对应关系。

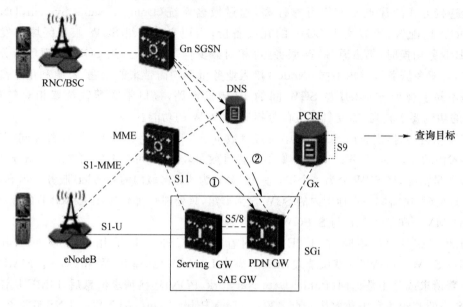

图 1-9　PGW 的选择

（4）MME 与 HSS 间的互通

EPC 中 MME 和 HSS 间采用 Diameter 协议互通,底层基于 SCTP 承载,需静态配置信令连接,上层用国际移动用户识别码（International Mobile Subscriber Identification number,IMSI)进行路由。为了支持漫游业务,全网大量网元之间需要存在信令全连接关系。对于同一本地网内的 MME 与 HSS 间可采用静态配置数据方式,直接经 IP 承载网互连;对于跨本地网及跨省的 MME 与 HSS 间的互通一般采用 Diameter 中继代理方式。

① 静态配置数据方式

MME 静态配置 HSS 地址数据;需 MME 配置外地所有 HSS 的地址（与 LTE IMSI 号码段有对应关系）。MME 与 HSS 间可直接互通信令,信令传送时延较小,服务质量较高。但该方案适合 MME 与 HSS 数量较少、网络规模较小的情况。当 EPC 规模比较大、网内 MME 和 HSS 较多时,MME 需配置大量路由数据,且每当网内新增 HSS 时,MME 均需增加相应的数据,网络维护工作量大,不利于网元的稳定。

② 路由代理节点方式

由路由代理节点（Diameter Routing Agent,DRA)负责解析相应节点的地址并反馈给 MME,MME 的数据配置相对简单,且 MME 直接与 HSS 进行信令消息的交互。但在跨省寻址时,需要经多个 DRA 进行解析,信令传送时延较长;当网络规模较大时,对 DRA 的解析能力要求较高。

③ Diameter 中继代理方式

Diameter 中继代理类似于七号信令网中的生成树协议（Spanning Tree Protocol,STP),转接 MME 与 HSS 间的 Diameter 信令,MME 的数据配置也相对简单,HSS、MME 拓扑对外隐藏,安全性高;但 Diameter 信令需经多个节点转接,传送时延较长,且需考虑 Diameter 中继代理的设置和组网问题,在网络规模较小时,设置独立的 Diameter 中继代理服务器不太经济。Diameter 中继代理节点可以全国集中设置、分大区设置或以省为单位设置,具体采用的方式需结合 EPC 的建设范围和建设规模来选择。

（5）EPC 典型组网方案

根据现网情况,一般分组域采用大本地网的规划原则,LTE 分组核心网采用二级结构,由全国骨干网和省网两级组成,如图 1-10 所示。

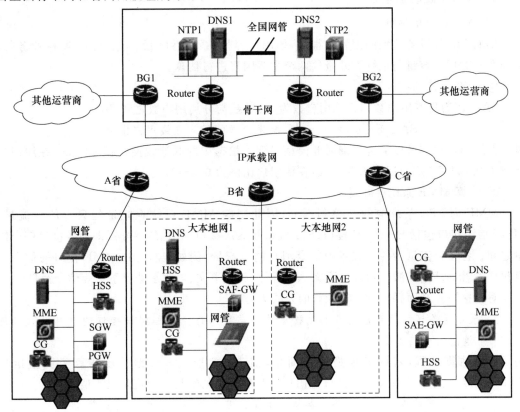

图 1-10　EPC 典型组网方案

① 骨干网

骨干网在具有国际出口的省市设置一对根 DNS 服务器、一对边界网关（Border Gateway,BG）、一对网络时间协议（Network Time Protocol,NTP）服务器。根 DNS 为全网提供域名解析,一对 DNS 实现互为备份、负荷分担功能。边界网关作为 EPC 国际出口节点与其他公共陆地移动网络（Public Land Mobile Network,PLMN）互联,实现用户在不同 PLMN 之间的漫游。NTP 负责对全网节点提供标准时间,NTP 可以设置 2～3 个,互为备份。

② 省网

省网按省级行政区划分,以省为单位组建。各省可以根据本省分组域业务情况灵活设置本地网分组域设备,这些设备在本地组成局域网,通过 IP 骨干网的城域网、省网接入互联网的骨干网节点,编址和路由统一纳入 IP 骨干网的网络规划中。

③ 网元设置

MME 主要负责控制层信息处理,为纯信令节点,不需要转发媒体数据,对传输带宽的要求比较低,在实际组网时适合采用集中设置的方式。一般以省为单位设置,根据容灾需求安装一套或者两套。SGW 和 PGW 均负责媒体流的处理,一般根据业务量和业务类型选择集中或分散的组网方式。当业务量较小时,可采用集中设置的方式,当某些本地网业务量比较大时,可将 SGW 和 PGW 下移至本地网。此外,在业务量较小时,可将 SGW 和 PGW 综合设置为 SAE-GW。HSS 负责存储用户数据、鉴权管理等,一般采用以省为单位集中设置的方式。

4. EPC 系统容量估算

(1) MME 容量估算

影响 MME 设备选型的因素有很多,如用户容量、系统吞吐量、交换能力、特殊业务等。下面我们对用户容量与系统吞吐量这两个主要因素进行估算。

① 估算 SAU 数

SAU 数为附着用户数,4G 总用户数为 SAU 数与分离用户数之和,则:

$$SAU 数(万) = 本市 4G 总用户数(万) \times 在线用户比例$$

其中在线用户比例可以通过查询话务模型得到。根据中国联通现网数据,2G/3G 在线用户比例为 0.5,LTE 用户因为永久在线,在线用户比例为 0.8~0.9。

② 估算 MME 系统吞吐量

MME 为 EPC 系统中的纯控制网元,因此影响 MME 系统吞吐量的只有信令流量。MME 信令接口包括 S1-MME 接口、S11 接口及 S6a 接口,处理的吞吐量即为各接口信令流量之和。各接口流量为各种流程中信令消息的总流量,例如,经过 S1-MME 接口的信令消息包括附着、去附着、激活承载上下文、去激活承载上下文、修改承载上下文等信令消息。

对各接口控制面吞吐量进行计算的公式为:

$$\Sigma(根据话务模型计算出的各个流程每秒并发数 \times 每个流程经该接口的消息对数 \times 每个消息的平均大小)$$

为了简化估算过程,对话务模型进行简化,如表 1-6 所示。根据外场测算经验值给出 S1-MME接口、S11 接口及 S6a 接口每用户忙时单方向的平均信令流量最大值。

$$某接口的信令流量 = 某接口的每用户平均信令流量 \times 用户数$$

表 1-6　简化的 MME 话务模型

模型参数	单　位	取　值
在线用户比例	—	0.9
S1-MME 接口每用户忙时平均信令流量	kbit/s	3
S11 接口每用户忙时平均信令流量	kbit/s	4
S6a 接口每用户忙时平均信令流量	kbit/s	3

基于以上经验值,分别对各接口的信令流量进行计算。所有接口流量之和为 MME 系统信令吞吐量,则:

$$MME 系统信令吞吐量(Gbit/s) = S1-MME 接口信令流量(Gbit/s) + S11 接口信令流量(Gbit/s) + S6a 接口信令流量(Gbit/s)$$

其中:

$$S1-MME 接口信令流量(Gbit/s) = S1-MME 接口每用户平均信令流量(kbit/s) \times$$

$$SAU\ 数(万)\times\frac{10\ 000}{1\ 024\times1\ 024}$$

S11 接口信令流量(Gbit/s)＝S11 接口每用户平均信令流量(kbit/s)×

$$SAU\ 数(万)\times\frac{10\ 000}{1\ 024\times1\ 024}$$

S6a 接口信令流量(Gbit/s)＝S6a 接口每用户平均信令流量(kbit/s)×

$$SAU\ 数(万)\times\frac{10\ 000}{1\ 024\times1\ 024}$$

（2）SGW 容量估算

SGW 设备容量主要由 SGW 支持的 EPS 承载上下文数、系统业务处理能力以及系统吞吐量决定,同样话务模型对系统的参数影响较大。

① 估算 EPS 承载上下文数

EPS 承载上下文数为系统接入用户的总激活承载数量,是影响 SGW 处理能力的指标之一。LTE 用户是永久在线的,也就是 LTE 接入用户附着网络后,根据业务需求以及签约信息会建立至少一条默认承载或多条已有承载。因此:

$$EPS\ 承载上下文数(万)＝SAU\ 数(万)/附着激活比$$

② 估算 SGW 系统处理能力

SGW 系统处理能力也就是 SGW 处理的所有流量,即 S1-U 上下行业务流量之和,则:

$$SGW\ 系统处理能力(Gbit/s)＝单用户忙时业务平均吞吐量(kbit/s)\times$$

$$SAU\ 数(万)\times\frac{10\ 000}{1\ 024\times1\ 024}$$

③ 估算 SGW 系统吞吐量

在纯 4G 接入情景下,SGW 的接口包括 S1-U 和 S5。S1-U 和 S5 接口的包头开销均为 62 B,包大小为 500 B。经统计 SGW 进流量约等于出流量,因此:

$$SGW\ 系统的吞吐量＝1/2\times(S1\text{-}U\ 接口流量＋S5\ 接口流量)$$

其中:

$$S1\text{-}U\ 接口流量(Gbit/s)＝单用户忙时业务平均吞吐量(kbit/s)\times SAU\ 数(万)\times$$

$$\frac{(62＋500)}{500}\times\frac{10\ 000}{1\ 024\times1\ 024}$$

$$S5\ 接口流量(Gbit/s)＝单用户忙时业务平均吞吐量(kbit/s)\times SAU\ 数(万)\times$$

$$\frac{(62＋500)}{500}\times\frac{10\ 000}{1\ 024\times1\ 024}$$

理论上 S5 接口的流量需要包括信令流量和用户面流量,但是考虑信令流量远小于用户面流量,所以 S5 接口流量的计算仅考虑用户面流量即可。在纯 LTE 接入的情况下,S5 接口流量与 S1-U 接口流量相同。

（3）PGW 容量估算

PGW 容量规划主要考虑 PGW 需要支持的 EPS 承载上下文数、系统业务处理能力以及系统吞吐量。

① 估算 EPS 承载上下文数

EPS 承载上下文数为系统接入用户的总激活承载数量,是影响 PGW 处理能力的指标之一。

$$EPS 承载上下文数(万)＝SAU 数(万)/附着激活比$$

② 估算 PGW 系统处理能力

PGW 系统处理能力即 PGW 处理的所有流量,包括 S1-U 上下行业务流量之和,则:

$$PGW 系统处理能力(Gbit/s)＝单用户忙时业务平均吞吐量(kbit/s)\times$$

$$SAU 数(万)\times\frac{10\,000}{1\,024\times1\,024}$$

③ 估算 PGW 系统吞吐量

在纯 4G 接入情景下,PGW 的接口包括 S5 和 SGi。SGi 接口的包头开销为 26 B,包大小为 500 B。经统计 PGW 进流量约等于出流量,因此:

$$PGW 系统吞吐量＝1/2\times(S5 接口流量＋SGi 接口流量)$$

其中:

$$S5 接口流量(Gbit/s)＝单用户忙时业务平均吞吐量(kbit/s)\times SAU 数(万)\times$$

$$\frac{(62＋500)}{500}\times\frac{10\,000}{1\,024\times1\,024}$$

$$SGi 接口流量(Gbit/s)＝单用户忙时业务平均吞吐量(kbit/s)\times SAU 数(万)\times$$

$$\frac{(26＋500)}{500}\times\frac{10\,000}{1\,024\times1\,024}$$

1.3 任务实施

1.3.1 仿真软件简介

目前,4G 网络建设仿真软件的种类较多,本书使用中兴公司的 IUV-BOX 软件来完成 4G 网络的规划、组建与业务调试工作。启动软件后出现登录界面,如图 1-11 所示。

图 1-11 仿真软件登录界面

输入用户名和密码,点击"登录"按钮,进入软件界面,如图 1-12 所示。界面上侧设有标签栏,包含"网络拓扑规划""容量规划""设备配置""数据配置"和"业务调试"5 个导航标签。选择不同的标签后,界面中央的操作区将发生相应变化。软件启动后默认选中"网络拓扑规划"标签。软件界面下侧为工具栏,设置了"耗费资金""规划报告""操作演示""任务背景""任务列表""信息中心""成绩榜"和"系统设置"8 个按钮,实现在线学习、信息发布、数据统计等功能。

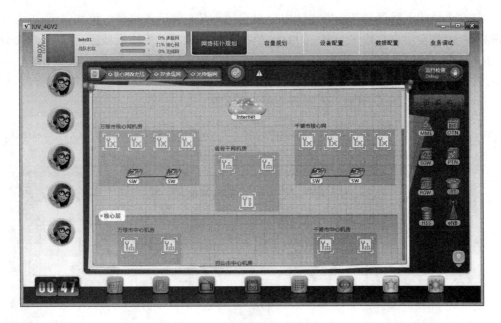

图 1-12　网络拓扑规划界面

1.3.2　规划核心网结构

启动并登录仿真软件,选择"网络拓扑规划"标签,进入网络拓扑规划界面,如图 1-12 所示。整个 4G 移动网络由无线及核心网、承载网两大部分组成,其中承载网又分为 IP 承载网和光传输网。软件操作区上侧有"核心网 & 无线""IP 承载网"和"光传输网"3 个标签,点击不同的标签可显示或隐蔽相关设备及连线。

依次从操作区右侧资源池中拖动 MME、SGW、PGW、HSS 到万绿市和千湖市核心网机房空设备位置。顺序点击核心网设备(如 MME)和交换机(SW),可在两者之间增加连接线。万绿市和千湖市核心网拓扑结构如图 1-13 所示。

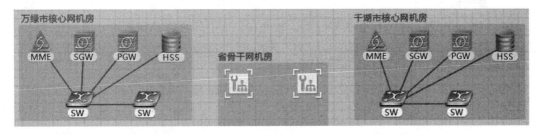

图 1-13　万绿市和千湖市核心网拓扑结构

1.3.3　规划无线接入网容量

启动并登录仿真软件,选择"容量规划"标签,进入容量规划界面,如图 1-14 所示。软件操作区上侧有"无线接入网""核心网"和"IP 承载网"3 个标签,点击不同的标签可对无线接入网、核心网和 IP 承载网分别进行规划。软件操作区左侧为城市选择标签,可分别选择万绿市、千湖市或百山市进行配置。

点击"无线接入网"标签后,操作区中会出现 A～E 5 种话务模型。模型 A 适用大型网络密集城区,移动用户总数在 1 000 万以上;模型 B 适用大型网络一般城区,移动用户总数在 1 000 万以上;模型 C 适用中型网络一般城区,移动用户总数在 500 万～1 000 万;模型 D 适用中型网络密集城区,移动用户总数在 500 万～1 000 万;模型 E 适用中小型网络市郊,移动用户总数在 500 万以下。下面以万绿市为例进行说明。

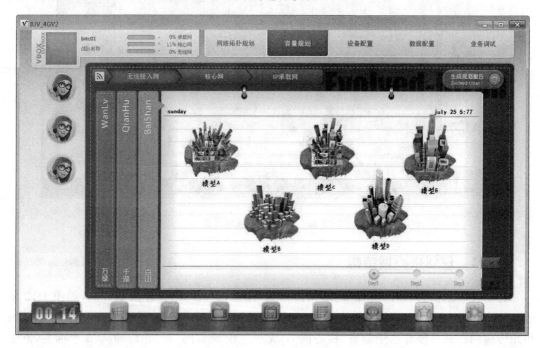

图 1-14　容量规划界面

1. 选择话务模型

点击"无线接入网"和"万绿"标签,在操作区中选择模型 A。

2. 容量估算

选择城市模型后,进入容量估算界面。软件在界面上部给出了容量估算参考数据,结合公式可完成相关计算。

(1) 计算单用户移动上网业务忙时平均流量

① 计算 HTTP(超文本传输协议)单业务平均数据流量,如图 1-15 所示。

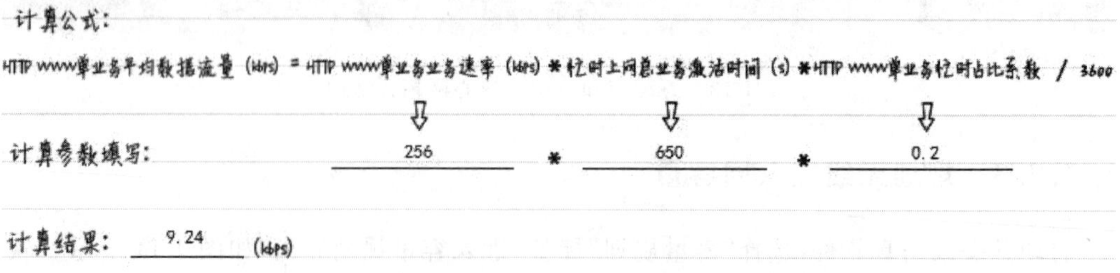

计算公式:

HTTP www单业务平均数据流量 (kbps) = HTTP www单业务业务速率 (kbps) ＊忙时上网总业务激活时间 (s) ＊HTTP www单业务忙时占比系数 / 3600

计算参数填写:　　　　256　　＊　　650　　＊　　0.2

计算结果:　9.24　(kbps)

图 1-15　计算 HTTP 单业务平均数据流量

② 计算 FTP(文件传输协议)单业务平均数据流量,如图 1-16 所示。

计算公式:

FTP单业务平均数据流量 (kbps) = FTP单业务业务速率 (kbps) * 忙时上网总业务激活时间 (s) * FTP单业务忙时占比系数 / 3600

计算参数填写: _____1024_____ * _____650_____ * _____0.3_____

计算结果: _____55.47_____ (kbps)

图 1-16 计算 FTP 单业务平均数据流量

③ 计算 VOD/AOD(交互式多媒体视频/音频点播)单业务平均数据流量,如图 1-17 所示。

计算公式:

VOD/AOD单业务平均数据流量 (kbps) = VOD/AOD单业务业务速率 (kbps) * 忙时上网总业务激活时间 (s) * VOD/AOD单业务忙时占比系数 / 3600

计算参数填写: _____1024_____ * _____650_____ * _____0.5_____

计算结果: _____92.44_____ (kbps)

图 1-17 计算 VOD/AOD 单业务平均数据流量

④ 计算单用户忙时业务平均吞吐量,如图 1-18 所示。

计算公式:

单用户忙时业务平均吞吐量 (kbps) = HTTP WWW业务平均数据流量 (kbps) + FTP单业务平均数据流量 (kbps) + VOD/AOD单业务平均数据流量 (kbps)

计算参数填写: _____9.24_____ + _____55.47_____ + _____92.44_____

计算结果: _____157.15_____ (kbps)

图 1-18 计算单用户忙时业务平均吞吐量

(2)计算万绿市 4G 总用户数

计算万绿市 4G 总用户数,如图 1-19 所示。

计算公式: 本市4G总用户数 (万) = 本市移动上网用户数 (万) * Z运营商4G移动用户数占比

计算参数填写: _____1200_____ * _____0.05_____

计算结果: _____60_____ (万)

图 1-19 计算万绿市 4G 总用户数

（3）计算万绿市规划区域总吞吐量

计算万绿市规划区域总吞吐量，如图 1-20 所示。

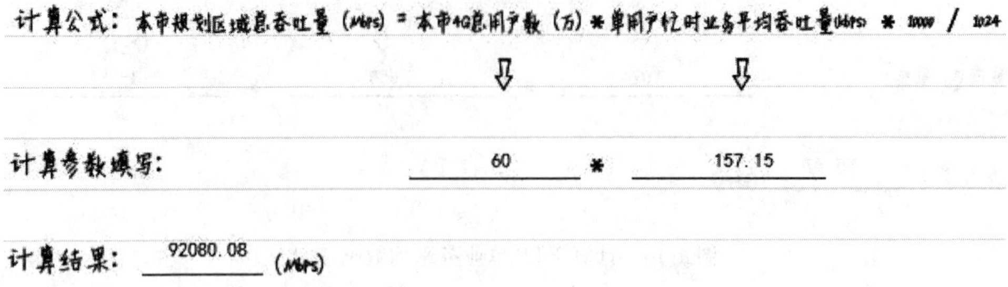

计算公式：**本市规划区域总吞吐量 (Mbps) = 本市4G总用户数 (万) * 单用户忙时业务平均吞吐量(kbps) * 10000 / 1024**

计算参数填写：　　　　　　　　60　*　　157.15

计算结果：　92080.08　(Mbps)

图 1-20　计算万绿市规划区域总吞吐量

（4）计算容量估算站点数

① 计算 MIMO-FDD 单站点吞吐量，如图 1-21 所示。

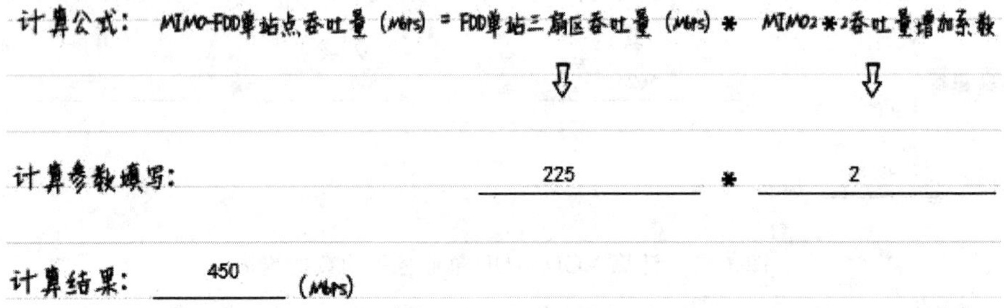

计算公式：**MIMO-FDD单站点吞吐量 (Mbps) = FDD单站三扇区吞吐量 (Mbps) * MIMO2*2吞吐量增加系数**

计算参数填写：　　　　　　225　*　　2

计算结果：　450　(Mbps)

图 1-21　计算 MIMO-FDD 单站点吞吐量

② 计算容量估算站点数，如图 1-22 所示。

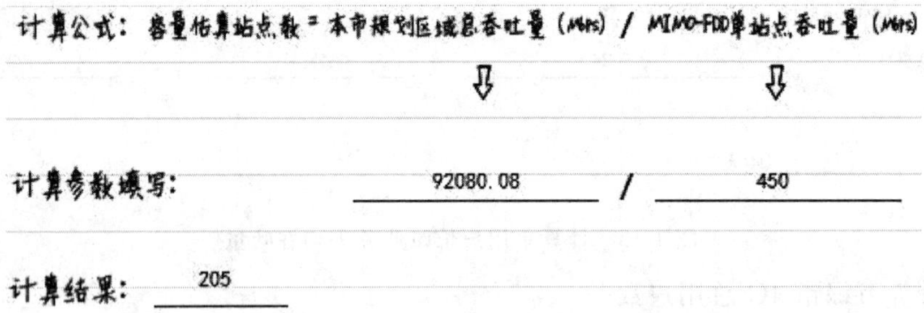

计算公式：**容量估算站点数 = 本市规划区域总吞吐量 (Mbps) / MIMO-FDD单站点吞吐量 (Mbps)**

计算参数填写：　　　　92080.08　/　　450

计算结果：　205

图 1-22　计算容量估算站点数

3. 覆盖估算

点击操作区右下角绿色按钮保存数据，点击操作区下方流程单选按钮"Step3"，进入覆盖估算界面。软件给出了覆盖估算参考数据，如图 1-23 所示。进行覆盖估算之前需要选择基站的站型。基站站型包括全向、三扇区 65°定向和三扇区 90°定向 3 种，其中全向站覆盖半径最大，系统用户容量最小；三扇区 65°定向站覆盖半径最小，系统用户容量最大；三扇区 90°定向站的覆盖半径和系统用户容量介于两者之间。万绿市为大型密集人口城市，因此选择三扇区 65°定向站。

本市规划区域面积 （平方公里）	小区覆盖半径基准 (km)	FDD制式调整因子	半径调整比例
540	0.36	1.1	1

站型选择

全向站型 □　　　65度定向站（三扇区）☑　　　90度定向站（三扇区）□

图 1-23　覆盖估算参考数据和站型选择

（1）计算小区半径

计算小区半径，如图 1-24 所示。

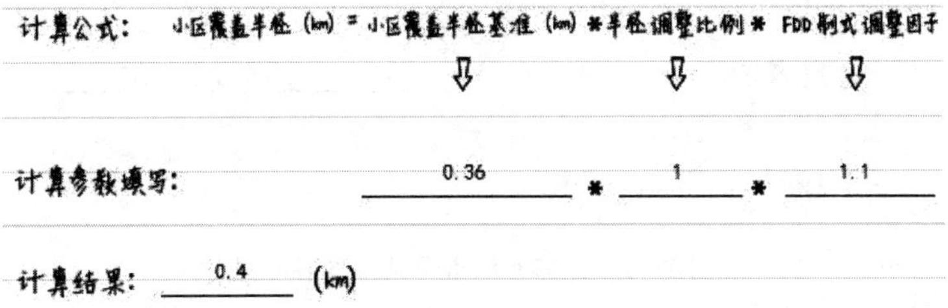

计算公式：　小区覆盖半径 (km) = 小区覆盖半径基准 (km) * 半径调整比例 * FDD制式调整因子

计算参数填写：　　　0.36　　*　　1　　*　　1.1

计算结果：　0.4　(km)

图 1-24　计算小区半径

（2）计算单站最大覆盖面积

计算单站最大覆盖面积，如图 1-25 所示。

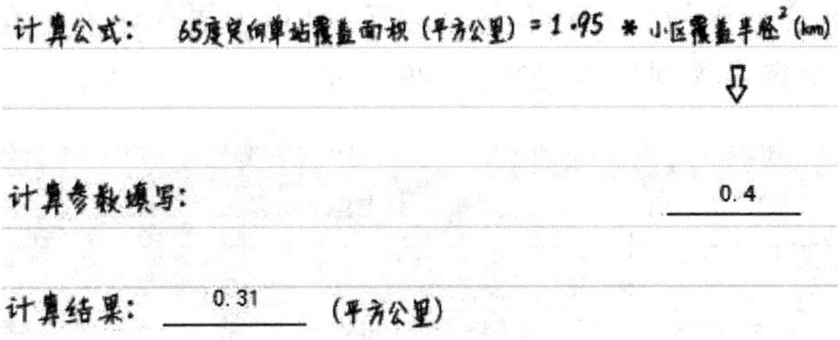

计算公式：　65度定向单站覆盖面积（平方公里）= 1.95 * 小区覆盖半径^2 (km)

计算参数填写：　0.4

计算结果：　0.31　（平方公里）

图 1-25　计算单站最大覆盖面积

（3）计算覆盖估算站点数

计算覆盖估算站点数，如图 1-26 所示。

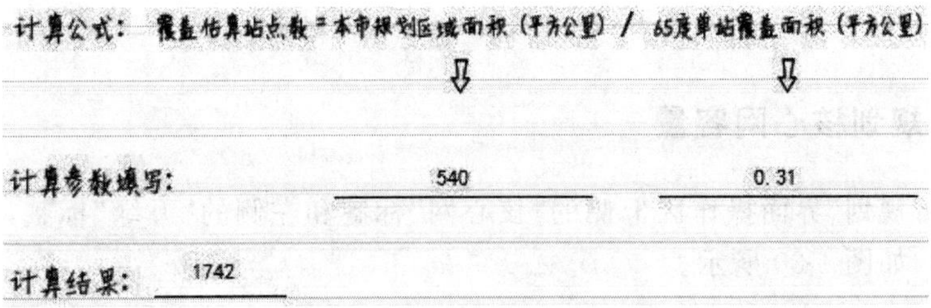

计算公式：　覆盖估算站点数 = 本市规划区域面积（平方公里）/ 65度单站覆盖面积（平方公里）

计算参数填写：　540　　　0.31

计算结果：　1742

图 1-26　计算覆盖估算站点数

（4）计算万绿市单站平均吞吐量

① 选择万绿市规划区域部署站点数，如图 1-27 所示。

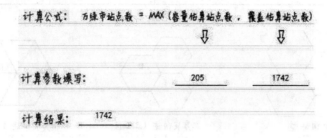

图 1-27 选择万绿市规划区域部署站点数

② 计算万绿市单站平均吞吐量，如图 1-28 所示。

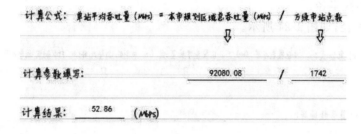

图 1-28 计算万绿市单站平均吞吐量

4. 生成规划报告

千湖市、百山市的无线接入网容量规划步骤与万绿市相同，区别在于所选择的话务模型和基站站型不同。万绿市为大型城市，使用话务模型 A，采用三扇区 65°定向基站；千湖市为中型城市，使用话务模型 C，采用三扇区 90°定向基站；百山市为小型城市，使用话务模型 E，采用 360°全向基站。完成无线接入网容量规划后，可点击操作区右上角的"生成规划报告"按钮，显示无线接入网容量规划报告，如图 1-29 所示。

产品	城市	万绿市		千湖市		百山市	
无线	容量估算	话务模型		话务模型	模型C	话务模型	模型E
		单用户忙时业务平均吞吐量（kbps）	157.15	单用户忙时业务平均吞吐量（kbps）	136.36	单用户忙时业务平均吞吐量（kbps）	129.43
		本市4G总用户数（万）	60	本市4G总用户数（万）	28	本市4G总用户数（万）	12
		本市规划区域总吞吐量（Mbps）	92080.08	本市规划区域总吞吐量（Mbps）	37285.94	本市规划区域总吞吐量（Mbps）	15167.58
		容量估算站点数	205	容量估算站点数	119	容量估算站点数	49
	覆盖估算	本市站点选型	65度定向站	本市站点选型	90度定向站	本市站点选型	全向站
		小区覆盖半径（km）	0.4	小区覆盖半径（km）	0.52	小区覆盖半径（km）	0.51
		覆盖估算站点数	1742	覆盖估算站点数	858	覆盖估算站点数	286
	小结	万绿市站点数	1742	千湖市站点数	858	百山市站点数	286
		单站平均吞吐量（Mbps）	52.86	单站平均吞吐量（Mbps）	43.46	单站平均吞吐量（Mbps）	53.03

图 1-29 无线接入网容量规划报告

1.3.4 规划核心网容量

点击"容量规划"界面操作区上侧的"核心网"标签和左侧的"万绿"标签，开始万绿市核心网容量规划，如图 1-30 所示。

1. 同步无线侧参数

点击"万绿市单用户忙时业务平均吞吐量"和"万绿市 4G 总用户数"右边的"自动同步无线侧参数"单选按钮,引用前面无线接入网容量规划的数据,如图 1-30 所示。

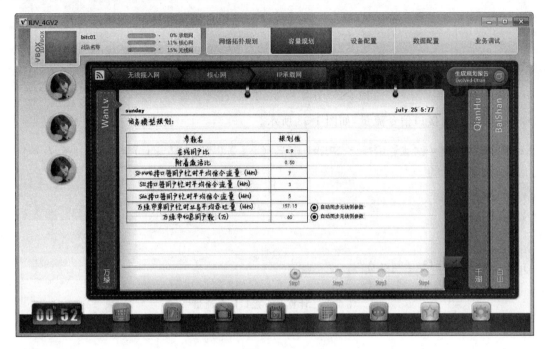

图 1-30　核心网容量规划界面

2. MME 容量估算

点击操作区下方流程单选按钮"Step2",进入 MME 容量估算界面。软件在界面上部给出了 MME 容量估算参考数据,结合公式可完成相关计算。

（1）计算 SAU 数

计算 SAU 数,如图 1-31 所示。

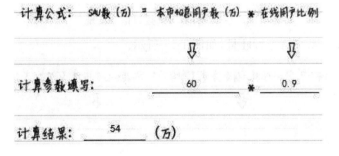

图 1-31　计算 SAU 数

（2）计算 MME 系统信令吞吐量

① 计算 S1-MME 接口信令流量,如图 1-32 所示。

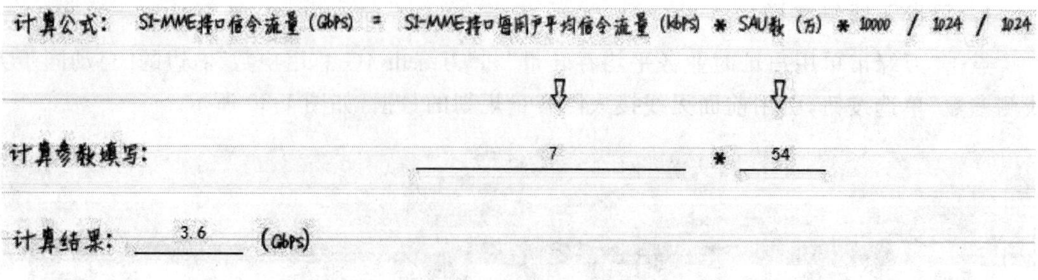

计算公式：　S1-MME接口信令流量（Gbps）＝ S1-MME接口每用户平均信令流量（kbps）＊ SAU数（万）＊ 10000 ／ 1024 ／ 1024

计算参数填写：　　　　　　　　　　　　7　　　　＊　　54

计算结果：　　3.6　　（Gbps）

图 1-32　计算 S1-MME 接口信令流量

② 计算 S11 接口信令流量，如图 1-33 所示。

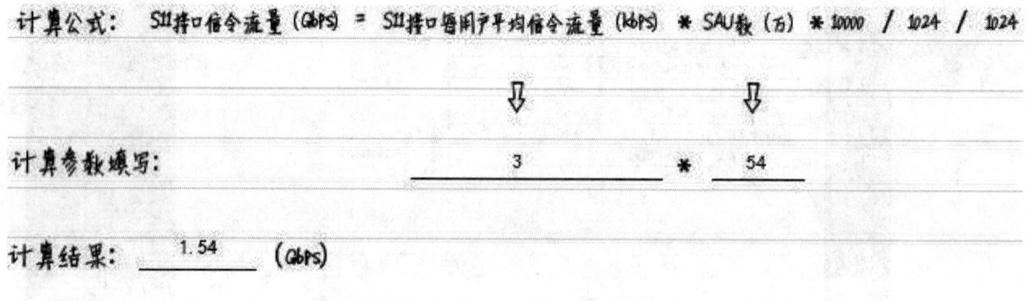

计算公式：　S11接口信令流量（Gbps）＝ S11接口每用户平均信令流量（kbps）＊ SAU数（万）＊ 10000 ／ 1024 ／ 1024

计算参数填写：　　　　　　　　　　　　3　　　　＊　　54

计算结果：　　1.54　　（Gbps）

图 1-33　计算 S11 接口信令流量

③ 计算 S6a 接口信令流量，如图 1-34 所示。

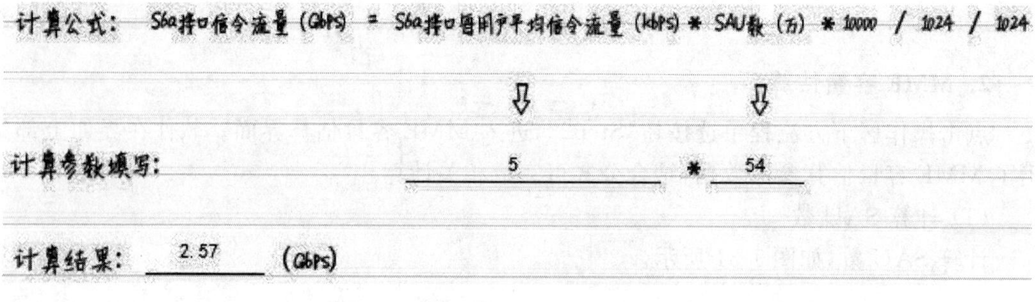

计算公式：　S6a接口信令流量（Gbps）＝ S6a接口每用户平均信令流量（kbps）＊ SAU数（万）＊ 10000 ／ 1024 ／ 1024

计算参数填写：　　　　　　　　　　　　5　　　　＊　　54

计算结果：　　2.57　　（Gbps）

图 1-34　计算 S6a 接口信令流量

④ 计算 MME 系统信令吞吐量，如图 1-35 所示。

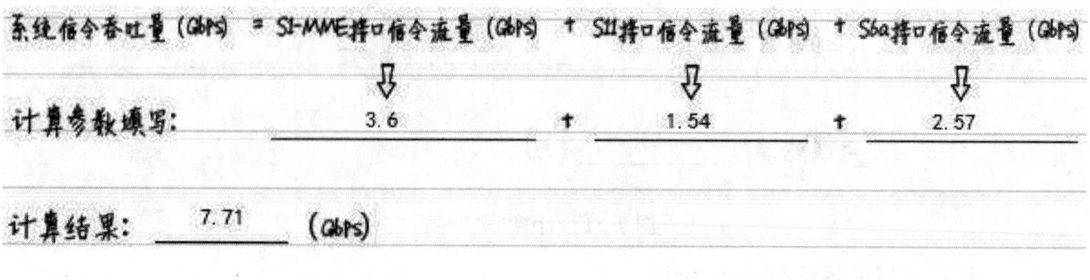

系统信令吞吐量（Gbps）＝ S1-MME接口信令流量（Gbps）＋ S11接口信令流量（Gbps）＋ S6a接口信令流量（Gbps）

计算参数填写：　　3.6　　＋　　1.54　　＋　　2.57

计算结果：　　7.71　　（Gbps）

图 1-35　计算 MME 系统信令吞吐量

3. SGW 容量估算

点击操作区下方流程单选按钮"Step3"，进入 SGW 容量估算界面。软件在界面上部给出了 SGW 容量估算参考数据,结合公式可完成相关计算。

(1) 计算 EPS 承载上下文数

计算 EPS 承载上下文数,如图 1-36 所示。

计算公式: EPS承载上下文数(万) = SAU数(万) / 附着激活比

⇩ ⇩

计算参数填写: 54 / 0.5

计算结果: 108 (万)

图 1-36 计算 EPS 承载上下文数

(2) 计算 SGW 系统处理能力

计算 SGW 系统处理能力,如图 1-37 所示。

计算公式: 系统处理能力(Gbps) = 单用户忙时业务平均吞吐量(kbps) * SAU数(万) * 1000 / 1024 / 1024

⇩ ⇩

计算参数填写: 157.15 * 54

计算结果: 80.93 (Gbps)

图 1-37 计算 SGW 系统处理能力

(3) 计算 SGW 系统吞吐量

① 计算 S1-U 接口流量,如图 1-38 所示。

S1-U接口流量(Gbps) = 单用户忙时业务平均吞吐量(kbps) * SAU数(万) * (62 + 500) / 500 * 1000 / 1024 / 1024

⇩ ⇩

计算参数填写: 157.15 * 54

计算结果: 90.97 (Gbps)

图 1-38 计算 S1-U 接口流量

② 计算 S5 接口流量,如图 1-39 所示。

S5接口流量(Gbps) = 单用户忙时业务平均吞吐量(kbps) * SAU数(万) * (62 + 500) / 500 * 1000 / 1024 / 1024

⇩ ⇩

计算参数填写: 157.15 * 54

计算结果: 90.97 (Gbps)

图 1-39 计算 S5 接口流量

③ 计算 SGW 系统吞吐量,如图 1-40 所示。

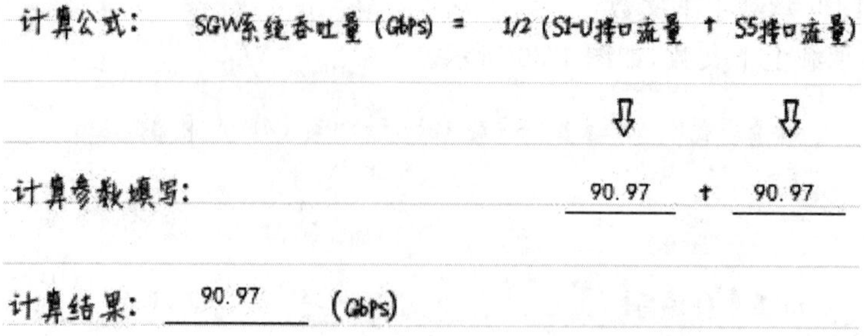

计算公式: SGW系统吞吐量 (Gbps) = 1/2 (S1-U接口流量 + S5接口流量)

计算参数填写: 90.97 + 90.97

计算结果: 90.97 (Gbps)

图 1-40　计算 SGW 系统吞吐量

4. PGW 容量估算

点击操作区下方流程单选按钮"Step4",进入 PGW 容量估算界面。软件在界面上部给出了 PGW 容量估算参考数据,结合公式可完成相关计算。

(1) 计算 EPS 承载上下文数

计算 EPS 承载上下文数,如图 1-41 所示。

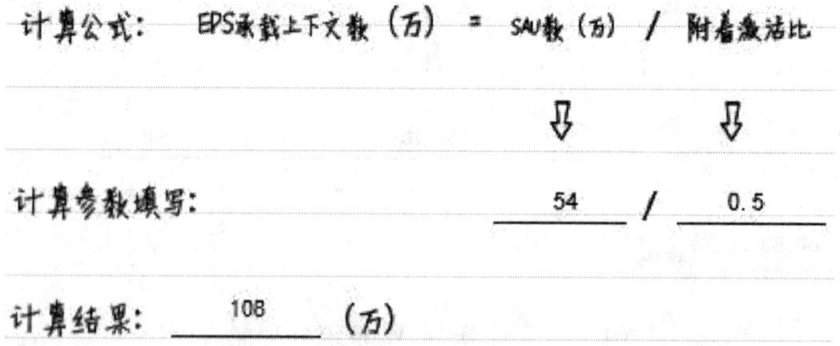

计算公式: EPS承载上下文数 (万) = SAU数 (万) / 附着激活比

计算参数填写: 54 / 0.5

计算结果: 108 (万)

图 1-41　计算 EPS 承载上下文数

(2) 计算 PGW 系统处理能力

计算 PGW 系统处理能力,如图 1-42 所示。

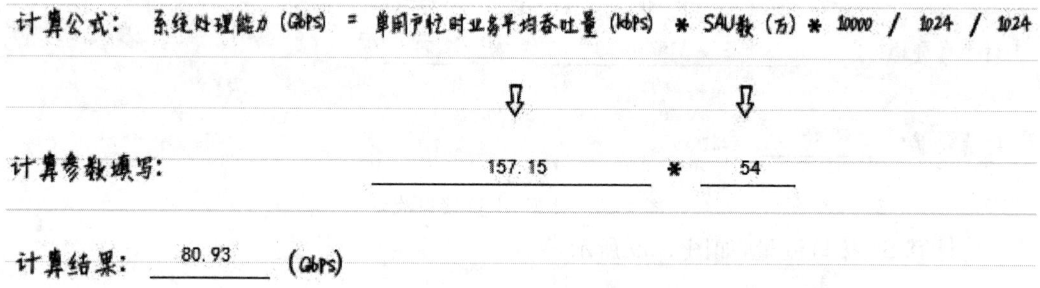

计算公式: 系统处理能力 (Gbps) = 单用户忙时业务平均吞吐量 (kbps) * SAU数 (万) * 10000 / 1024 / 1024

计算参数填写: 157.15 * 54

计算结果: 80.93 (Gbps)

图 1-42　计算 PGW 系统处理能力

(3) 计算 PGW 系统吞吐量

① 计算 S5 接口流量,如图 1-43 所示。

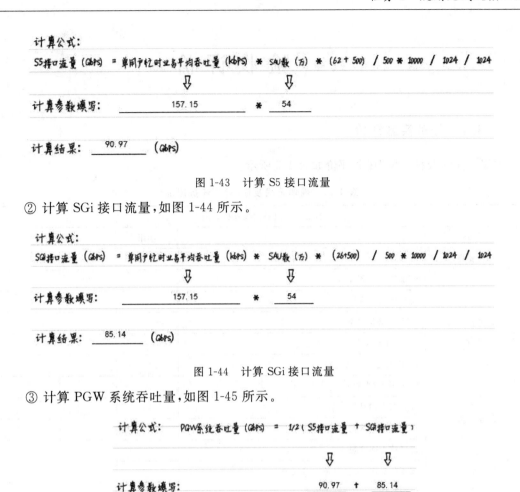

计算公式：

S5接口流量（Gbps）= 单用户忙时业务平均吞吐量（kbps）* SAU数（万）* (62+500) / 500 * 10000 / 1024 / 1024

计算参数填写：　　　157.15　　*　　54

计算结果：　90.97　（Gbps）

图 1-43　计算 S5 接口流量

② 计算 SGi 接口流量，如图 1-44 所示。

计算公式：

SGi接口流量（Gbps）= 单用户忙时业务平均吞吐量（kbps）* SAU数（万）* (26+500) / 500 * 10000 / 1024 / 1024

计算参数填写：　　　157.15　　*　　54

计算结果：　85.14　（Gbps）

图 1-44　计算 SGi 接口流量

③ 计算 PGW 系统吞吐量，如图 1-45 所示。

计算公式：　PGW系统吞吐量（Gbps）= 1/2（S5接口流量 + SGi接口流量）

计算参数填写：　　　90.97　+　85.14

计算结果：　88.06　（Gbps）

图 1-45　计算 PGW 系统吞吐量

5. 生成规划报告

千湖市、百山市的核心网容量规划步骤与万绿市相同，区别仅在于所选择的话务模型不同。完成核心网容量规划后，可点击操作区右上角的"生成规划报告"按钮，显示核心网容量规划报告，如图 1-46 所示。因为千湖市与百山市共用千湖市核心网，所以千湖市核心网规划数据为两城市规划数据之和。

产品	城市	万绿市		千湖市		百山市	
核心网	MME	SAU	54	SAU	25.2	SAU	19.8
				千湖和百山 "SAU" 总和	36		
		系统信令吞吐量（Gbps）	7.71	系统信令吞吐量（Gbps）	3.6	系统信令吞吐量（Gbps）	1.54
				千湖和百山 "系统信令吞吐量" 总和	5.14		
	SGW	EPS承载上下文数	108	EPS承载上下文数	50.4	EPS承载上下文数	21.6
				千湖和百山 "EPS承载上下文数" 总和	72		
		系统处理能力（Gbps）	80.93	系统处理能力（Gbps）	32.77	系统处理能力（Gbps）	13.33
				千湖和百山 "系统处理能力" 总和	46.1		
		系统吞吐量（Gbps）	90.97	系统吞吐量（Gbps）	36.83	系统吞吐量（Gbps）	14.98
				千湖和百山 "系统吞吐量" 总和	51.81		
	PGW	EPS承载上下文数	108	EPS承载上下文数	50.4	EPS承载上下文数	21.6
				千湖和百山 "EPS承载上下文数" 总和	72		
		系统处理能力（Gbps）	80.93	系统处理能力（Gbps）	32.77	系统处理能力（Gbps）	13.33
				千湖和百山 "系统处理能力" 总和	46.1		
		系统吞吐量（Gbps）	88.06	系统吞吐量（Gbps）	35.65	系统吞吐量（Gbps）	14.5
				千湖和百山 "系统吞吐量" 总和	50.15		

图 1-46　核心网容量规划报告

1.4 验 收 评 价

1.4.1 任务实施评价

"规划无线及核心网"任务评价如表 1-7 所示。

表 1-7 "规划无线及核心网"任务评价

任务 1 规划无线及核心网

班级			小组		
评价要点	评价内容		分值	得分	备注
基础知识 （40 分）	明确工作任务和目标		5		
	移动通信的发展		5		
	LTE 的频段和频点		5		
	LTE 的网络结构		5		
	LTE 无线接入网规划		10		
	LTE 核心网规划		10		
任务实施 （50 分）	规划核心网结构		10		
	规划无线接入网容量		20		
	规划核心网容量		20		
操作规范 （10 分）	按规范操作，防止损坏仪器仪表		5		
	保持环境卫生，注意用电安全		5		
合计			100		

1.4.2 思考与练习题

1. 第四代移动通信系统具有什么特征？

2. 简述 LTE 的技术特点。

3. 根据双工方式的不同，LTE 系统可分为哪两种类型，它们有什么区别？

4. 画图说明 LTE 的网络结构。

5. 简述 eNodeB 的功能。

6. LTE 核心网由哪些逻辑节点组成？它们有什么功能？

7. LTE 系统中的 S1、X2、S11、S6a、S5 接口分别位于什么网元之间？

8. 无线接入网规划的目标是什么？

9. 简述无线接入网规划的主要工作步骤和内容。

10. EPC 系统容量估算包括哪些内容？

任务 2　安装无线及核心网设备

【学习目标】

　　◇ 了解 LTE 系统的关键技术。

　　◇ 掌握 LTE 的无线帧结构，了解信道映射关系。

　　◇ 熟悉 LTE 无线接入网设备安装的步骤和内容。

　　◇ 熟悉 LTE 核心网设备安装的步骤。

2.1　任务描述

　　根据规划正确选购、安装并连接无线接入网及核心网设备是移动通信系统建设的基础步骤，也是实现移动业务的关键。本次任务使用仿真软件完成基站和核心网机房的设备安装与连接，为后续配置业务打下基础。设备安装与连接针对万绿、千湖和百山 3 座城市进行。其中，万绿市位于平原，是移动用户数量在 1 000 万以上的大型人口密集城市；千湖市四周为湖泊，是移动用户数量在 500 万～1 000 万的中型城区城市；百山市位于山区，是移动用户数量在 500 万以下的小型城郊城市。

　　本次 4G 无线接入网及核心网设备的安装与连接工作共涉及了 5 个机房。无线接入网侧为 3 个机房，即万绿市 A 站点机房、千湖市 A 站点机房、百山市 A 站点机房；核心网侧为 2 个机房，即万绿市核心网机房和千湖市核心网机房。其中，万绿市站点机房与万绿市核心网机房连接；千湖市和百山市站点机房共同接入千湖市核心网机房。

　　3 个 A 站点机房设在万绿、千湖和百山三市交界地带，如图 2-1 所示。其中，万绿市 A 站点机房规划覆盖区域为 W1、W2 和 W3，千湖市 A 站点机房规划覆盖区域为 Q1、Q2 和 Q3，百山市 A 站点机房规划覆盖区域为 B1、B2 和 B3。根据任务要求，每个 A 站点机房完成 1～3 个小区的 eNodeB 设备安装与连接。

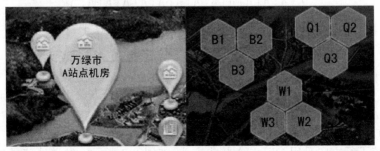

图 2-1　站点机房的分布和覆盖区域

2.2 知识准备

2.2.1 LTE 的关键技术

1. 正交频分多址技术

多址接入是指基站与多个用户之间通过公共传输媒质建立多条无线信道连接。移动通信系统中常见的多址接入技术包括频分多址（Frequency Division Multiple Access，FDMA）、时分多址（Time Division Multiple Access，TDMA）、码分多址（Code Division Multiple Access，CDMA）、空分多址（Space Division Multiple Access，SDMA）。FDMA 以不同的频率信道实现多址通信，TDMA 以不同的时隙实现多址通信，CDMA 以不同的代码序列实现多址通信，SDMA 以不同的方位信息实现多址通信。

（1）正交频分多址原理

正交频分多址（Orthogonal Frequency Division Multiple Access，OFDMA）技术是后 3G 时代最主要的一种接入技术。其基本思想是把高速数据流分散到多个正交的子载波上传输，从而使单个子载波上的符号速率大大降低，符号持续时间大大加长，其对因多径效应产生的时延扩展有较强的抵抗力，减少了符号间干扰的影响。通常在 OFDMA 符号前加入保护间隔，只要保护间隔大于信道的时延扩展，则可以完全消除符号间干扰。

在传统 FDMA 系统中，为了避免各子载波间的干扰，相邻载波之间需要较大的保护频带，频谱效率较低。OFDMA 系统允许各子载波之间紧密相邻，甚至部分重合，通过正交复用避免频率间干扰，降低了保护间隔的要求，实现了很高的频谱效率。这两种多址接入方式的频谱使用对比如图 2-2 所示。

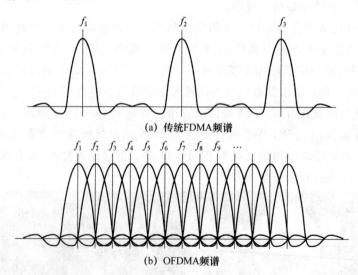

(a) 传统FDMA频谱

(b) OFDMA频谱

图 2-2 传统 FDMA 与 OFDMA 频谱对比

（2）下行多址接入方式

LTE 系统下行方向采用 OFDMA 接入方式，如图 2-3 所示。发送端信号先进行信道编码与交织,然后进行正交振幅调制(Quadrature Amplitude Modulation,QAM),将调制后的频域信号进行串/并变换,以及子载波映射,并对所有子载波上的符号进行快速傅里叶逆变换(Inverse Fast Fourier Transform,IFFT),生成时域信号。最后在每个 OFDM 符号前插入一个循环前缀(Cyclic Prefix,CP),以便在多径衰落环境下保持子载波之间的正交性。插入 CP 就是将 OFDMA 符号尾部的一段复制到 OFDMA 符号之前,CP 长度必须大于主要多径分量的时延扩展,才能保证接收端信号的正确解调。

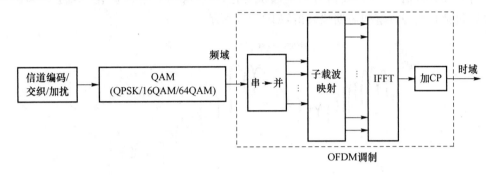

图 2-3　LTE 下行多址接入方式 OFDMA

(3)上行多址接入方式

LTE 系统上行方向采用的多址接入方式为离散傅里叶变换扩展 OFDM(Discrete Fourier Transform Spread OFDM,DFT-S-OFDM),即单波载 FDMA(Single Carrier FDMA,SC-FDMA),如图 2-4 所示。DFT-S-OFDM 是 OFDM 的一项改进技术,具有单载波的特性,因而其发送信号峰均比较低,在上行功放要求相同的情况下,可以提高上行的功率效率,降低系统对终端的功耗要求。

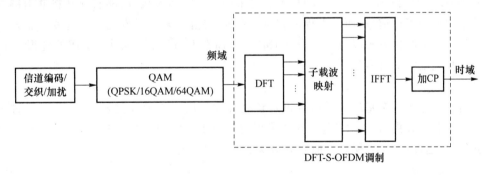

图 2-4　LTE 上行多址接入方式 SC-FDMA

OFDMA 技术是 LTE 系统的技术基础与主要特点,它的参数设定对整个系统的性能会产生决定性影响,其中载波间隔又是最基本的参数,经过理论分析与仿真比较最终确定载波间隔为 15 kHz。上下行的最小资源块为 375 kHz,也就是 25 个子载波的宽度。数据到资源块的映射可采用集中(Localized)方式或离散(Distributed)方式。循环前缀的长度决定了 LTE 系统的抗多径干扰和覆盖能力。长循环前缀有利于克服多径干扰,支持大范围覆盖,但系统开销也会相应增加,导致数据传输能力下降。为达到小区半径 100 km 的覆盖要求,LTE 系统采用长短两套循环前缀方案,根据具体场景进行选择。短循环前缀方案为基本选项,长循环前缀方案用于支持 LTE 大范围小区覆盖和多小区广播业务。

OFDMA 具有频谱效率高、带宽扩展灵活等特性,成了从 3G 到 4G 演进过程中的关键技术之一。它可与分集技术、时空编码技术、信道间干扰抑制以及智能天线技术等结合，最大限度地提高了系统性能。

2. 多输入多输出技术

移动信道采用无线方式，接收机收到的信号是直达波和多个反射、折射的合成。反射和折射信号相对于直达信号产生的延迟随着环境的变化而改变，各路信号在接收端有时同相相加，有时反相抵消，造成接收信号幅度起伏变化，这就称为衰落。衰落现象是移动通信所特有的，包括长期慢衰落和短期快衰落，如图 2-5 所示。

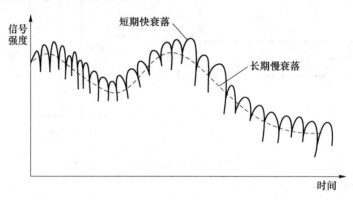

图 2-5　移动通信的衰落现象

为抑制衰落，移动通信系统使用了分集技术。分集技术是指接收端按照某种方式接收携带同一信息且具有相互独立衰落特性的多个信号，并通过合并降低信号电平起伏，减小各种衰落对接收信号的影响。多输入多输出（Multiple-Input Multiple-Output，MIMO）是利用多发射、多接收天线实现空间分集的技术。它采用分立式多天线，能够有效地将通信链路分解成许多并行的子信道，从而大大提高容量。在下行链路，多天线发送方式主要包括发射分集、波束赋形、空时预编码以及多用户 MIMO 等；而在上行链路，多用户组成的虚拟 MIMO 也可以提高系统的上行容量。

（1）发射分集

空间发射分集是在基站端对信号进行预处理并使用多根天线发射，在接收端通过一定的检测算法获得分集信号。LTE 系统中发射分集技术的实现方式包括空时发射分集、空频发射分集、延迟发射分集、循环延时发射分集、切换发射分集等。

（2）波束赋形

波束赋形（Beamforming）是一种基于天线阵列的信号与预处理技术，其工作原理是利用空间信道的强相关性及波的干涉原理，产生强方向性的辐射方向图，使辐射方向图的主瓣自适应指向用户来波方向，从而提高信噪比，获得明显阵列增益。波束赋形技术在扩大覆盖范围、改善边缘吞吐量以及干扰抑制等方面都有很大的优势。波束赋形的权值仅仅需要匹配信道的慢变化，比如来波方向和平均路损，因此，在进行波束赋形时，可以不利用终端反馈信息，而在基站侧通过测量上行接收信号获得来波方向和路损信息。

（3）空时预编码

LTE 既支持开环方式的空间复用，也支持闭环方式的空间复用。开环方式的空间复用系统中，接收端不能获得任何信道状态信息，各个并行的数据流均等分配功率与传输速率，并采用全向天线进行发射。在这种开环方式中，接收机需要通过均衡算法匹配信道进行信号接收,而发送信号并未与信道相匹配。闭环方式的空间复用(即预编码技术)系统中,接收端将信道状态信息反馈给发送端,发送端对发射信号的空间特性进行优化,使发送信号的空间分布特性和信道条件相匹配,因而可以有效地降低接收机均衡算法的复杂度,获得更好的性能。

预编码技术可以分为线性和非线性方法,目前考虑非线性方法的复杂度,移动通信系统中一般只采用线性预编码。线性预编码的作用就是将天线域的处理转换为波束域的处理,在发射端利用已知的空间信道信息进行预处理操作,提高用户和系统的吞吐量。

(4) 下行多用户 MIMO

MIMO 技术利用多径衰落,在不增加带宽和天线发送功率的情况下,提高了信道容量、频谱利用率及下行数据的传输质量。LTE 系统已确定 MIMO 天线个数的基本配置是下行 2×2、上行 1×2,但也在考虑 4×4 的高阶天线配置。

当基站将占用相同时频资源的多个数据流发送给同一个用户时,即为单用户 MIMO (Single-User MIMO,SU-MIMO)或者叫空分复用(Space Division Multiplexing,SDM);当基站将占用相同时频资源的多个数据流发送给不同的用户时,即为多用户 MIMO(Multiple-User MIMO,MU-MIMO)或者叫空分多址(Space Division Multiple Access,SDMA),其原理如图 2-6 所示。

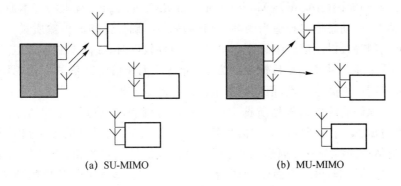

(a) SU-MIMO　　　　　　　　(b) MU-MIMO

图 2-6　SU-MIMO 和 MU-MIMO

多用户 MIMO 技术利用多天线提供的空间自由度分离用户,各个用户可以占用相同的时频资源,信号依赖发射端的信号处理算法抑制多用户之间的干扰,通过时频资源复用的方式有效地提高了小区的平均吞吐量。在小区负载较重时,通过简单的多用户调度算法就可以获得显著的多用户分集增益,这是获得高系统容量的有效手段。由于小间距天线能够形成有明确指向性的波束,因此多用户 MIMO 适用于小间距高相关性天线系统。小间距天线形成的较宽的波束也保证了在信道变化比较快时,分离各个用户的有效性。

(5) 上行多用户 MIMO

在 LTE 系统中,应用 MIMO 技术的上行基本天线配置为 1×2,即一根发送天线和两根接收天线。与下行多用户 MIMO 不同,上行多用户 MIMO 是一个虚拟的 MIMO 系统,即每一个终端均发送一个数据流,两个或者更多的数据流占用相同的时频资源。从接收机来看,这些来自不同终端的数据流可以被看作来自同一终端不同天线上的数据流,从而构成一个 MIMO 系统,其原理如图 2-7 所示。

虚拟 MIMO 的本质是利用了来自不同终端的多个天线,提高了空间的自由度,充分利用了潜在的信道容量。由于上行虚拟 MIMO 是多用户 MIMO 传输方式,每个终端的导频

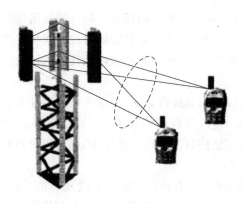

图 2-7　上行多用户 MIMO

信号需要采用不同的正交导频序列以利于估计上行信道信息。对单个终端而言,不需要知道其他终端是否采用 MIMO 方式,只要根据下行控制信令的指示,在所分配的时频资源里发送导频和数据信号。在基站侧,由于知道所有终端的资源分配和导频信号序列,因此可以检测出多个终端发送的信号。上行 MIMO 技术并不会增加终端发送的复杂度。

3. 链路自适应技术

自适应调制和编码(Adaptive Modulation and Coding,AMC)技术的基本原理是在发送功率恒定的情况下,动态地选择适当的调制和编码方式,确保链路的传输质量。当信道条件较差时,降低调制等级以及信道编码速率;当信道条件较好时,提高调制等级以及编码速率。AMC 技术实质上是一种变速率传输控制方法,能适应无线信道衰落的变化,具有抗多径传播能力强、频率利用率高等优点,但其对测量误差和测量时延敏感。

在发送端,编码后的数据根据所选定的方式进行调制,经成形滤波器后进行上变频处理,将信号发射出去。在接收端,接收信号经过前端放大后,所得到的基带信号需要进行信道估计。信道估计的结果一方面送入均衡器,对接收信号进行均衡,以补偿信道对信号幅度、相位、时延等的影响;另一方面作为调制方式的选择依据,根据估计出的信道特性,按照一定的算法选择适当的调制方式,包括 QPSK、16QAM 和 64QAM。

4. 混合自动重传技术

在移动通信系统中,由于无线信道时变特性和多径衰落对信号传输带来的影响以及一些不可预测的干扰导致信号传输失败,需要在接收端检测并纠正错误,即使用差错控制技术。随着通信系统的飞速发展,对数据传输的可靠性要求也就越来越高。差错控制技术即对所传输的信息附加一些保护数据,使信号的内部结构具有更强的规律性和相互关联性,这样,当信号受到信道干扰导致某些信息结构发生差错时,仍然可以根据这些规律发现错误、纠正错误,从而恢复原有的信息。

在数字通信系统中,差错控制机制分为前向纠错(Forward Error Correction,FEC)方式和自动重传请求(Automatic Repeat reQuest,ARQ)方式两种。

(1) 前向纠错

前向纠错是指在信号传输之前,预先对其进行一定的格式处理,接收端接到这些码字后,按照规定的算法进行解码,以达到找出错误并纠正错误的目的。FEC 通信系统结构如图 2-8 所示。

FEC 系统只有一个信道,能自动纠错,不需要重发,因此时延小、实时性好。但不同码

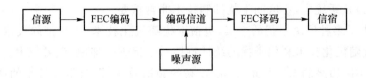

图 2-8　FEC 通信系统结构

率、码长和类型的纠错码的纠错能力不同,当 FEC 单独使用时,为了获得比较低的误码率,往往必须以最坏的信道条件来设计纠错码,因此所用纠错码的冗余度较大,这就降低了编码效率,且实现的复杂度较大。FEC 技术只适用于没有反向信道的系统中。

（2）自动重传请求

自动重传请求的原理是指接收端通过循环冗余校验（Cyclic Redundancy Check，CRC）信息来判断收到的数据是否正确。如果不正确,则将否定应答信息反馈给发送端,发送端重新发送数据块,直到接收端收到正确数据并反馈确认信号才停止重发。ARQ 通信系统结构如图 2-9 所示。

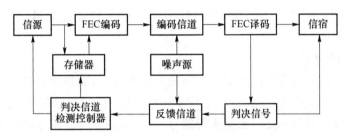

图 2-9　ARQ 通信系统结构

在 ARQ 技术中,数据包重传的次数与信道的干扰情况有关,若信道干扰较强,质量较差,则数据包可能经常处于重传状态,信息传输的连贯性和实时性较差,但其编译码设备简单,比较容易实现。ARQ 技术以吞吐量为代价换取可靠性的提高。

（3）混合自动重传请求

结合 FEC、ARQ 两种差错控制技术各自的特点,将 ARQ 和 FEC 两种差错控制方式结合起来使用,即混合自动重传请求（Hybrid Automatic Repeat reQuest，HARQ）机制。在 HARQ 中采用 FEC 减少重传的次数,降低误码率,使用 ARQ 的重传满足误码率极低的场合。该机制结合了 ARQ 方式的高可靠性和 FEC 方式的高通过效率,在纠错能力范围内自动纠正错误,超出纠错范围则要求发送端重新发送。

5. 小区干扰抑制技术

现有的蜂窝移动通信系统提供的数据率在小区中心和小区边缘有很大的差异,不仅影响了整个系统的容量,而且使用户在不同位置的服务质量有很大的波动。小区间干扰是蜂窝移动通信系统中的一个固有问题。LTE 采用 OFDMA,依靠频率之间的正交性区分用户,比 CDMA 技术更好地解决了小区内干扰的问题。但是作为代价,LTE 系统带来的小区间干扰问题可能比 CDMA 系统更严重。对于小区中心用户来说,其本身离基站的距离比较近,而与外小区的干扰信号距离较远,则其信噪比相对较大;但是对于小区边缘的用户,由于相邻小区占用同样载波资源的用户对其干扰比较大,加之其本身距离基站较远,其信噪比相对就较小,导致虽然小区整体的吞吐量较高,但是小区边缘的用户服务质量较差,吞吐量较低。因此,在 LTE 系统中,小区间干扰抑制技术非常重要。

3GPP 提出了多种解决干扰的方案,包括干扰随机化技术、干扰消除技术和干扰协调技术。其中,干扰随机化技术利用干扰的统计特性对干扰进行抑制,误差较大。干扰消除技术可以明显改善小区边缘的系统性能,获得较高的频谱效率,但对带宽较小的业务不太适用,系统实现比较复杂。干扰协调技术最为简单,能很好地抑制干扰,可以应用于各种带宽的业务。

(1) 小区间干扰随机化

将干扰随机化可使窄带的有色干扰等效为白噪声干扰,但这种方式不能降低干扰的能量。常用的干扰随机化方法有两种,即序列加扰和交织。

① 小区特定的加扰

序列加扰通过在时域加入伪随机序列的方法获得干扰白化效果。如果没有加扰,接收端(UE)的解码器不能区分接收到的信号是来自本小区还是来自其他的小区,它既可能对本小区信号进行解码,也可能对其他小区信号进行解码,使性能降低。在此方案中,通过不同的扰码区分不同的小区信息,接收端只对特定小区的信号进行解码,达到了抑制干扰的目的。

② 小区特定的交织

通过对各小区信号采用不同的交织图案进行信道交织,获得干扰白化效果。使用伪随机交织器产生大量的随机种子(Seed),为不同小区产生不同的交织图案,交织图案的数量取决于交织器的长度。对每种交织图案进行编号,接收端通过检查编号决定使用何种交织图案。在空间距离较远的地方,可以复用相同的交织图案。

(2) 小区间干扰消除

干扰消除技术最初是在 CDMA 系统中提出的,首先对干扰小区的信号进行解调、解码,然后利用接收端的处理增益从接收信号中消除干扰信号分量。存在两种小区间干扰消除的方法。

① 利用多天线空间抑制的方法

利用两个相邻小区到 UE 的空间信道差异区分服务小区和干扰小区的信号。理论上说,配置双接收天线的 UE 应可以分辨两个空间信道。这项技术不依赖任何额外的信号区分手段(如频分、码分、交织分等),而仅依靠空分手段,实际上很难取得满意的干扰消除效果。

② 基于检测/删除的方法

这种技术通过将干扰信号解调/解码,对该干扰信号进行重构,然后从接收信号中减去干扰信号。最典型的是基于交织分多址(Interleave-Division Multiple Access,IDMA)的迭代干扰消除技术。该方案通过伪随机交织器产生不同的交织图案,并分配给不同的小区,接收机采用不同的交织图案解交织,即可将目标信号和干扰信号分别解出,然后从总的接收信号中减去干扰信号,进而有效地提高接收信号的信噪比。

(3) 小区间干扰协调/回避

干扰协调的基本思想是:小区间按一定规则和方法协调资源的调度和分配,减少本小区对相邻小区的干扰,提高相邻小区在这些资源上的信噪比以及小区边缘的数据速率和覆盖率。按照协调的方式,干扰协调可以分为静态干扰协调、半静态干扰协调和动态干扰协调。

① 静态干扰协调

在这种方式中,资源限制的协商和实施在部署网络时完成,网络运营期内可以调整,限定各个小区的资源调度和分配策略,避免小区间的干扰。eNodeB 之间的信息交互量非常有限,信息交互的周期也在数天量级。比较典型的静态干扰协调方式是华为、西门子等公司提出的部分频率复用方案,即频率复用因子是可变的。由于 LTE 系统同频干扰主要影响小区边缘用户的质量,小区中心用户可以使用相同的频率资源,频率复用因子为 1;小区边缘用户(相邻小区)的频率复用因子为 3,如图 2-10 所示。

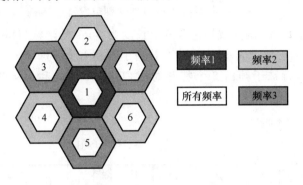

图 2-10　部分频率复用方案

将整个频率子载波分成 3 个不同的部分,允许小区中心的用户使用所有频率资源,并使用较小的发射功率,在这些频带上的信号能量能够较好地被限制在小区内部,不会对相邻小区造成明显的干扰。小区 1 的边缘只使用第一频段,小区 2、4、6 的边缘只使用第二频段,小区 3、5、7 的边缘只使用第三频段,即边缘用户只能按照一定的频率规则使用部分频率,且 eNodeB 需要采用较高的功率发射。部分频率复用技术不需要在 X2 接口交互资源利用信息,无法根据小区中心和边缘用户的比例以及系统负荷情况对资源进行调整,频谱利用率低。

② 半静态干扰协调

小区之间慢速交互小区内用户功率信息、小区负载信息、资源分配信息、干扰信息等。利用这些信息,调整中心和边缘用户的频率资源分配,以及功率大小,提高边缘用户性能。信息交互的周期在数十秒至数分钟量级。半静态干扰协调的主要功能模块包括判断中心和边缘用户,上行和下行负载信息提示、收发管理、信息处理及其对资源调度、功率控制的影响。

③ 动态干扰协调

动态干扰协调即小区之间实时动态地进行协调调度,降低小区间干扰。动态干扰协调的周期为毫秒量级,要求小区间实时地进行信息交互,资源协调的时间通常以传输时间间隔(Transmission Time Interval,TTI)为单位。由于 LTE 系统 X2 接口的典型时延为 10～20 ms,不同基站间小区无法实现完全实时的动态干扰协调,因此动态干扰协调更多地应用于同一基站的不同扇区之间。

2.2.2　LTE 无线网络物理层

1. LTE 无线帧结构

LTE 在空中接口上支持 Type1 和 Type2 两种帧结构,其中 Type1 用于频分双工(FDD)模式,Type2 用于时分双工(TDD)模式。两种无线帧的长度均为 10 ms。

在 FDD 模式下,10 ms 的无线帧分为 10 个长度为 1 ms 的子帧(Subframe),每个子帧由两个长度为 0.5 ms 的时隙(Slot)组成,如图 2-11 所示。

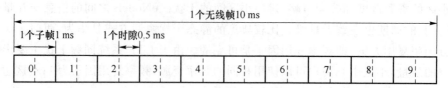

图 2-11　LTE Type1 帧结构

在 TDD 模式下,10 ms 的无线帧包含两个长度为 5 ms 的半帧(Half Frame),每个半帧由 5 个长度为 1 ms 的子帧组成,其中有 4 个普通子帧和 1 个特殊子帧。普通子帧包含两个 0.5 ms 的常规时隙,特殊子帧由 3 个特殊时隙(UpPTS、GP 和 DwPTS)组成,如图 2-12 所示。

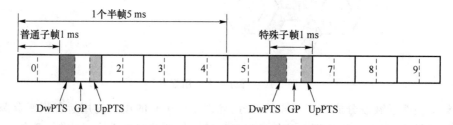

图 2-12　LTE Type2 帧结构

下行导频时隙(Downlink Pilot TimeSlot,DwPTS)用于传输下行数据和同步信号。上行导频时隙(Uplink Pilot TimeSlot,UpPTS)用于传输上行同步信号,不传输上行数据。保护间隔(Guard Period,GP)防止上下行间的干扰。DwPTS 和 UpPTS 的长度可配置,DwPTS 的长度为 3~12 个 OFDM 符号,UpPTS 的长度为 1~2 个 OFDM 符号,相应的 GP 长度为 1~10 个 OFDM 符号。UpPTS 中,最后一个符号用于发送上行信道探测参考信号(Sounding Reference Signal,SRS)。DwPTS 用于正常的下行数据发送,其中主同步信道位于第三个符号。

2. LTE 同步信号和上下行配比

(1) 同步信号的设计

Type2 TDD 帧结构与 Type1 FDD 帧结构的主要区别在于同步信号的设计,如图 2-13 所示。LTE 同步信号的周期是 5 ms,分为主同步信号(Primary Synchronous Signal,PSS)和辅同步信号(Secondary Synchronous Signal,SSS)。LTE TDD 和 FDD 帧结构中,同步信号的位置/相对位置不同。在 Type2 TDD 中,PSS 位于 DwPTS 的第三个符号,SSS 位于 5 ms 第一个子帧的最后一个符号;在 Type1 FDD 中,主同步信号和辅同步信号位于 5 ms 第一个子帧内前一个时隙的最后两个符号。利用主、辅同步信号相对位置的不同,终端可以在小区搜索的初始阶段识别系统是 TDD 还是 FDD。

(2) 上下行配比方案

FDD 依靠频率区分上下行,其单方向的资源在时间上是连续的;TDD 依靠时间来区分上下行,其单方向的资源在时间上是不连续的,时间资源在两个方向上进行了分配,如图 2-14 所示。

TD-LTE 支持 5 ms 和 10 ms 的上下行子帧切换周期,以及 7 种不同的上下行时间配比

（从将大部分资源分配给下行的"9∶1"到上行占用资源较多的"2∶3"），具体配置如图 2-15 所示。在实际使用时，网络可以根据业务量的特性灵活选择配置。

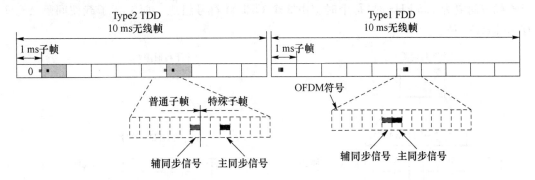

图 2-13　LTE 同步信号的设计

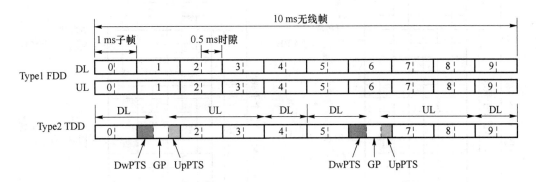

图 2-14　LTE 上下行资源的对比

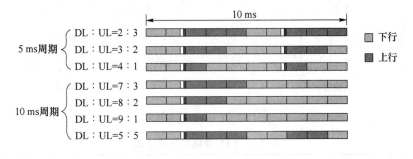

图 2-15　TD-LTE 上下行时间配比

3. LTE 的资源块

（1）资源栅格

传输使用的最小资源单位叫作资源粒子（Resource Element，RE），时域上为一个 OFDM 符号，频域上为 1 个子载波，即 15 kHz。在 RE 的基础上，还定义了资源块（Resource Block，RB），它是业务信道的资源单位，一个 RB 包含若干个 RE，时域上为 1 个时隙，频域上为 12 个子载波，即 180 kHz。子载波数与带宽有关，带宽越大，包含的子载波越多。LTE 资源栅格如图 2-16 所示，其中 N_{symb}^{UL} 为上行 1 个时隙包含的 SC-FDMA 符号数量，N_{symb}^{DL} 为下行 1 个时隙包含的 OFDM 符号数量，N_{sc}^{RB} 为 1 个 RB 包含的子载波数量，N_{RB}^{UL} 为上行全频段包含的 RB 数量，N_{RB}^{DL} 为下行全频段包含的 RB 数量。

  一个时隙中的传输信号可以用一个资源栅格来描述,时隙中的 OFDM 符号取决于循环前缀的长度和子载波间隔,如表 2-1 所示。下行子载波间隔 Δf 有 15 kHz 和 7.5 kHz 两种,当子载波间隔为 7.5 kHz 时,每个时隙由 3 个 OFDM 符号组成。而上行子载波间隔 Δf 只有 15 kHz 一种。

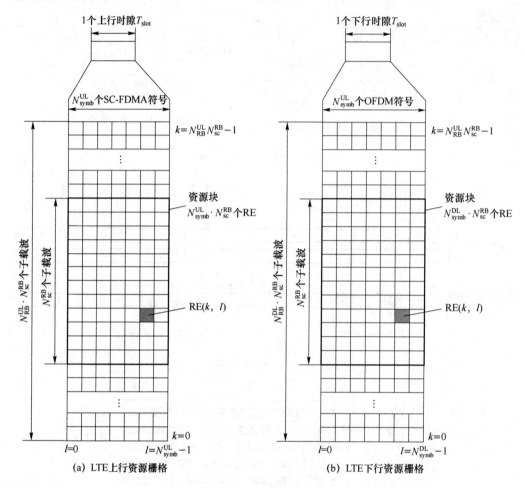

图 2-16 LTE 的资源栅格

表 2-1 LTE 物理资源块参数

CP 的类型	子载波间隔	每个 RB 子载波数量	每时隙 OFDM 符号数
常规 CP	15 kHz	12	7
扩展 CP	15 kHz	12	6
	7.5 kHz	24	3

（2）资源粒子

  资源粒子是天线端口上的资源栅格中的最小单元,通过索引对 (k, l) 来进行唯一标识,其中 k, l 分别为标识在频域和时域的序号。

  在多天线传输的情况下,每一个天线端口对应一个资源栅格,而每个天线端口由与其相关的参考信号来定义。需要注意的是,这里的天线端口与物理天线不是直接对应的,与具体采用的 MIMO 技术有关。一个小区中支持的天线端口集合取决于参考信号的配置。

① 小区专用（Cell-specific）的参考信号，与非多播/组播单频网络（Multimedia Broadcast multicast service Single Frequency Network，MBSFN）传输相关联，支持 1 个、2 个和 4 个天线端口配置，天线端口序号分别满足 $p=0$、$p\in\{0,1\}$ 和 $p\in\{0,1,2,3\}$。

② MBSFN 参考信号，与 MBSFN 传输相关联，在天线端口 $p=4$ 上传输。

③ 终端专用参考信号，在天线端口 $p=5$ 上传输。

（3）虚拟资源块

TD-LTE 定义了两种类型的虚拟资源块，即分布式传输的虚拟资源块和集中式传输的虚拟资源块。一个子帧中两个时隙上的一对虚拟资源块共同用一个独立虚拟资源块号 n_{VRB} 进行标识。集中式虚拟资源块直接映射到物理资源块上，虚拟资源块号与物理资源块号一一对应。

4．物理层信道及信号

LTE 系统物理层及 MAC 子层、RRC 子层的无线接口协议结构如图 2-17 所示。物理层向 MAC 子层提供传输信道，MAC 子层提供不同的逻辑信道给层 2 的无线链路控制（RLC）子层。物理层通过传输信道给高层提供数据传输服务，主要功能包括：传输信道的错误检测并向高层提供指示，传输信道的前向纠错编解码，混合自动重传请求软合并，编码的传输信道与物理信道之间的速度匹配，编码的传输信道与物理信道之间的映射，物理信道的功率加权，物理信道的调制和解调，频率和时间同步，射频特性测量并向高层提供指示，多输入多输出天线处理，传输分集，波束形成，射频处理。

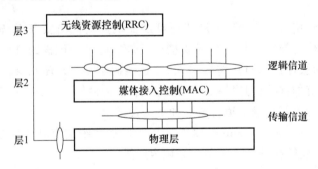

图 2-17 物理层及 MAC 子层、RRC 子层的无线接口协议结构

信道是为便于理解而人为设定的概念，是对一系列数据流或调制后信号的分类名称，其名称是以信号的作用来确定的。

逻辑信道用于指示"传输什么内容"，定义传输信息的类型。这些信息可能是独立成块的数据流，也可能是夹杂在一起但有确定起始位的数据流，这些数据流包括所有用户的数据。

传输信道用于指示"怎样传"，是在对逻辑信道信息进行特定处理后再加上传输格式等指示信息后的数据流，这些数据流仍然包括所有用户的数据。

物理信道是指"信号在空中传输的承载"，将属于不同用户、不同功用的传输信道数据流分别按照相应的规则进行相应的操作，如确定载频、扰码、扩频码、开始与结束时间等，并最终调制为模拟射频信号发射出去。不同物理信道上的数据流分别属于不同的用户或不同的功用。

（1）逻辑信道

逻辑信道定义了传输的内容。MAC 子层使用逻辑信道与高层进行通信。逻辑信道通常分为两类，即用来传输控制平面信息的控制信道和用来传输用户平面信息的业务信道。根据传输信息种类又可划分为多种逻辑信道类型,并根据不同的数据类型,提供不同的传输服务。

TD-LTE 定义的控制信道主要有如下 5 种类型。

① 广播控制信道(Broadcast Control Channel,BCCH):该信道属于下行信道,用于传输广播系统控制信息。

② 寻呼控制信道(Paging Control Channel,PCCH):该信道属于下行信道,用于传输寻呼信息和改变通知消息的系统信息。当网络侧没有用户终端所在小区信息的时候,使用该信道寻呼终端。

③ 公共控制信道(Common Control Channel,CCCH):该信道包括上行信道和下行信道,当终端和网络间没有 RRC 连接时,终端级别控制信息的传输使用该信道。

④ 组播控制信道(Multicast Control Channel,MCCH):该信道为点到多点的下行信道,用于 UE 接收多媒体广播组播业务(Multimedia Broadcast Multicast Service,MBMS)。

⑤ 专用控制信道(Dedicated Control Channel,DCCH):该信道为点到点的双向信道,用于传输终端侧和网络侧存在 RRC 连接时的专用控制信息。

TD-LTE 定义的业务信道主要有如下 2 种类型。

① 专用业务信道(Dedicated Traffic Channel,DTCH):该信道可以是单向的,也可以是双向的,针对单个用户提供点到点的业务传输。

② 组播业务信道(Multicast Traffic Channel,MTCH):该信道为点到多点的下行信道。用户只会使用该信道来接收 MBMS 业务。

(2)传输信道

物理层通过传输信道向 MAC 子层或更高层提供数据传输服务,传输信道的特性由传输格式定义。传输信道描述了数据在无线接口上是如何进行传输的,以及所传输的数据特征。例如,数据如何被保护以防止传输错误,信道编码类型,循环冗余校验保护或交织,数据包的大小等。所有的这些信息集就是"传输格式"。传输信道也有上行和下行之分。

TD-LTE 定义的下行传输信道主要有如下 4 种类型。

① 广播信道(Broadcast Channel,BCH):用于广播系统信息和小区的特定信息。使用固定的预定义格式,能够在整个小区覆盖区域内广播。

② 下行共享信道(Downlink Shared Channel,DL-SCH):用于传输下行用户控制信息或业务数据。能够使用 HARQ;能够通过各种调制模式、编码、发送功率来实现链路适应;能够在整个小区内发送;能够使用波束赋形;支持动态或半持续资源分配;支持终端非连续接收以达到节电目的;支持 MBMS 业务传输。

③ 寻呼信道(Paging Channel,PCH):当网络不知道 UE 所处小区位置时,用于给 UE 发送控制信息。能够支持终端非连续接收以达到节电目的;能在整个小区覆盖区域内发送;能够映射到用于业务或其他动态控制信道使用的物理资源上。

④ 组播信道(Multicast Channel,MCH):用于 MBMS 用户控制信息的传输。能够在整个小区覆盖区域内发送;对于单频点网络支持多小区 MBMS 的传输合并;使用半持续资源分配。

TD-LTE 定义的上行传输信道主要有如下 2 种类型。

① 上行共享信道(Uplink Shared Channel,UL-SCH):用于传输上行用户控制信息或业务数据。能够使用波束赋形;有通过调整发射功率、编码和潜在调制模式适应链路条件变化的能力;能够使用 HARQ;动态或半持续资源分配。

② 随机接入信道(Random Access Channel,RACH):能够承载有限的控制信息,如在早

期建立连接的时候或 RRC 状态改变的时候。

（3）物理信道

物理层位于无线接口协议的最底层，提供物理介质中比特流传输所需要的所有功能。物理信道可分为上行物理信道和下行物理信道。

TD-LTE 定义的下行物理信道主要有如下 6 种类型。

① 物理下行共享信道（Physical Downlink Shared Channel，PDSCH）：用于承载下行用户信息和高层信令。

② 物理广播信道（Physical Broadcast Channel，PBCH）：用于承载主系统信息块信息，传输用于初始接入的参数。

③ 物理组播信道（Physical Multicast Channel，PMCH）：用于承载多媒体/多播信息。

④ 物理控制格式指示信道（Physical Control Format Indicator Channel，PCFICH）：用于承载该子帧上控制区域大小的信息。

⑤ 物理下行控制信道（Physical Downlink Control Channel，PDCCH）：用于承载下行控制信息，如下行调度指令、下行数据传输信息、公共控制信息等。

⑥ 物理 HARQ 指示信道（Physical HARQ Indicator Channel，PHICH）：用于承载对于终端上行数据的 ACK/NACK 反馈信息，与 HARQ 机制有关。

TD-LTE 定义的上行物理信道主要有如下 3 种类型。

① 物理上行共享信道（Physical Uplink Shared Channel，PUSCH）：用于承载上行用户信息和高层信令。

② 物理上行控制信道（Physical Uplink Control Channel，PUCCH）：用于承载上行控制信息。

③ 物理随机接入信道（Physical Random Access Channel，PRACH）：用于承载随机接入前道序列的发送，基站通过对序列的检测以及后续的信令交流，建立起上行同步。

（4）上行参考信号

LTE 系统上行支持两种类型的参考信号，即解调用参考信号（Demodulation Reference Signal，DERS）和探测用参考信号（Sounding Reference Signal，SRS）。两种参考信号使用相同的基序列集合。

① 解调用参考信号

上行解调用参考信号与 PUSCH 或者 PUCCH 传输有关，包括 PUSCH 解调参考信号和 PUCCH 解调参考信号两种，分别用于 PUSCH 和 PUCCH 的相关解调。根据不同物理信道特征，两种解调参考信号在序列设计和资源映射上存在一定差异。

② 探测用参考信号

上行探测用参考信号与 PUSCH 或者 PUCCH 传输有关，用于上行信道质量的测量，支持频率选择性调度、功率控制和定时提前等功能。在 TD-LTE 系统中，根据 TDD 上下行信道的对称性，上行探测用参考信号也可以用于下行信道信息的获取。

（5）下行参考信号

LTE 系统下行定义了 3 种参考信号，分别是小区专用参考信号、MBSFN 参考信号和终端专用参考信号。

① 小区专用参考信号

小区专用参考信号在所有非 MBSFN 的下行子帧上发送。对于 MBSFN 子帧，只在前 2 个 OFDM 符号上发送小区专用参考信号。小区专用参考信号在天线 0～3 上发送，并且只

支持 $\Delta f = 15\,\text{kHz}$。常规 CP 下的下行参考信号映射如图 2-18 所示，其中 R_p 表示天线端口 p 上用于传输参考信号的资源粒子。

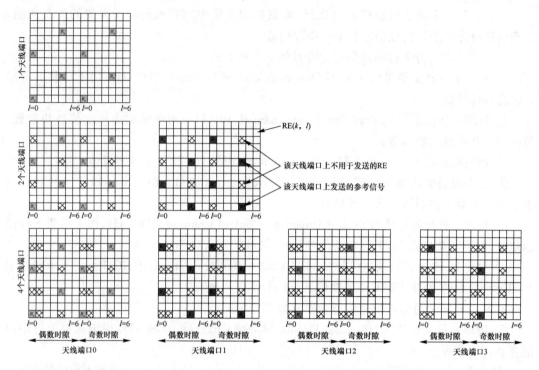

图 2-18 常规 CP 下的下行参考信号映射

② MBSFN 参考信号

MBSFN 参考信号只在 MBSFN 子帧发送，并在天线端口 4 上发送。MBSFN 只支持扩展 CP 配置。在子载波 $\Delta f = 15\,\text{kHz}$ 和 $\Delta f = 7.5\,\text{kHz}$ 的情况下，用于传输 MBSFN 参考信号的资源粒子如图 2-19 所示。

③ 终端专用参考信号

终端专用参考信号用于支持单天线端口的 PDSCH 传输。终端专用参考信号在天线端口 5 上传输。高层将通知终端是否存在终端专用参考信号，以及是否是一个有效的相位参考。如果高层信令通知终端存在终端专用参考信号，并且是有效的 PDSCH 解调相位参考，终端可以忽略任何在天线端口 2 和 3 上的传输。终端专用参考信号仅仅在 PDSCH 对应的资源块中传输。常规 CP 和扩展 CP 的终端专用参考信号映射如图 2-20 所示。

（6）同步信号

LTE 系统存在 504 个唯一的物理层小区 ID。这些物理层小区 ID 被分为 168 个物理层小区 ID 组，组号为 0～167。每一个物理层小区组包含 3 个物理层小区，组内编号为 0～2。这样，一个物理层小区 ID 可以由组号和组内编号唯一确定，即小区 ID＝3×组号＋组内编号。

主同步信号频域上占系统带宽中间的 6 个 RB，即 72 个子载波，在第 2 个子帧的第 3 个符号（子帧 1 或 6，符号 2）中进行传输，指示一个物理小区组内的编号：0、1 和 2（3 个）。

副同步信号频域上占系统带宽中间的 6 个 RB，即 72 个子载波，在第 1 个子帧的最后 1 个，也就是第 7 个符号（子帧 0 或 5，符号 6）中进行传输，指示一个物理小区组的组号：0～

167(168 个)。子帧 0 和子帧 5 中的副同步信号结构相同,但在频域上错开,以区别前 5 ms 或后 5 ms 的半帧。

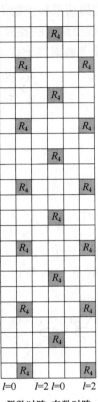

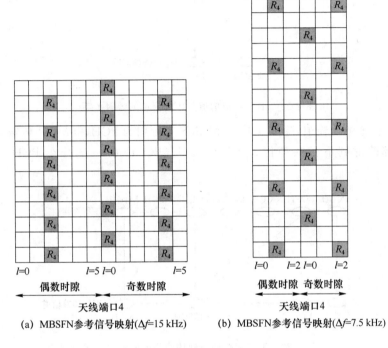

(a) MBSFN 参考信号映射(Δf=15 kHz)　　(b) MBSFN 参考信号映射(Δf=7.5 kHz)

图 2-19　MBSFN 参考信号映射

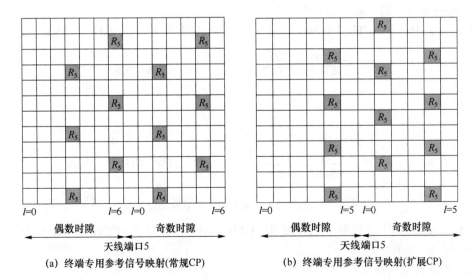

(a) 终端专用参考信号映射(常规CP)　　(b) 终端专用参考信号映射(扩展CP)

图 2-20　终端专用参考信号映射

（7）信道映射关系

MAC 子层使用逻辑信道与 RLC 子层进行通信,使用传输信道与物理层进行通信。因此 MAC 子层负责逻辑信道和传输信道之间的映射。

① 逻辑信道至传输信道的映射

上行逻辑信道全部映射在上行共享传输信道上传输,如图 2-21 所示。

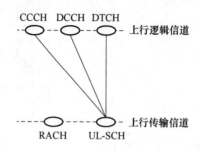

图 2-21　上行逻辑信道到传输信道的映射关系

下行逻辑信道的传输中,除 PCCH 和 MBMS 有专用的 PCH 和 MCH 传输信道外,其他逻辑信道全部映射到下行共享信道 DL-SCH 上（BCCH 的一部分在 BCH 上传输）,如图 2-22 所示。

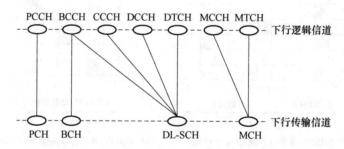

图 2-22　下行逻辑信道到传输信道的映射关系

② 传输信道至物理信道的映射

上行信道中,UL-SCH 映射到 PUSCH 上,RACH 映射到 PRACH 上,如图 2-23 所示。

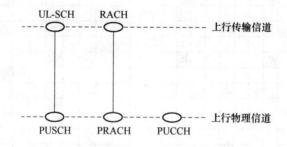

图 2-23　上行传输信道到物理信道的映射关系

下行信道中,BCH 和 MCH 分别映射到 PBCH 和 PMCH 上,PCH 和 DL-SCH 都映射到 PDSCH 上,如图 2-24 所示。

（8）物理信道处理流程

LTE 上行物理信道处理流程包括加扰、调制、层映射、预编码、映射到资源元素、生成

SC-FDMA 信号等步骤,如图 2-25 所示。

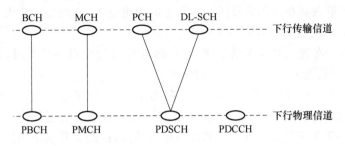

图 2-24　下行传输信道到物理信道的映射关系

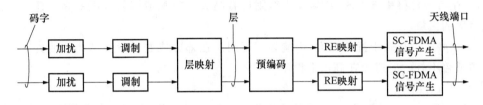

图 2-25　上行物理信道处理流程

① 加扰:用伪随机序列与需要传输的比特序列进行模 2 加运算,使传输比特随机化。

② 调制:对加扰后的比特进行调制,产生复值调制符号。

③ 层映射:将复值调制符号映射到一个或者多个传输层。

④ 预编码:对将要在各个天线端口上发送的每个传输层上的复值调制符号进行预编码。

⑤ 映射到资源元素:把每个天线端口的复值调制符号映射到资源元素上。

⑥ 生成 SC-FDMA 信号:为每个天线端口生成复值时域的 SC-FDMA 符号。

LTE 下行物理信道处理流程与上行物理信道处理流程基本相同,只是最后一步为生成 OFDM 信号,如图 2-26 所示。

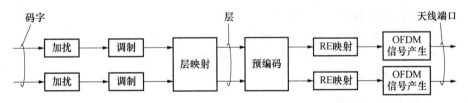

图 2-26　下行物理信道处理流程

2.2.3　LTE 的站点规划

1. 站点规划

LTE 室外部署应以网络数据业务量、区域重要性为判断依据,以城区连片的面覆盖和部分重要区域的点覆盖为主合理规划选择站址。再结合站点勘察,对初始站点规划进行调整,最终确定站点并合理布局。如果站址选择合理,可以减少 UE 的发射功率电平,从而减少干扰,增加网络容量。

站址选择的基本原则是:重点覆盖区必须设站点;中心城区主要干道必须设站点;重点站点设置后,完成次要地区大面积的连续覆盖。

（1）站址选择因素

① 站址应尽量选择在规则蜂窝网孔中规定的理想位置，其偏差不应大于基站区半径的四分之一，以便频率规划和以后的小区分裂。

② 基站的疏密布置应对应于话务密度分布，在建网初期设站较少时，选择的站址应保证重要用户和用户密度大的市区有良好的覆盖。

③ 在勘测市区基站时，对于小蜂窝区（半径为 1～3 km）基站宜选高于建筑物平均高度但低于最高建筑物的楼房作为站址；对于微蜂窝区基站则选低于建筑物平均高度的楼房设站，且四周建筑物屏蔽应较好。在勘测郊区或乡镇站点时，需要对站址周围信号容易受到遮挡的较大话务量地区进行调查核实。

④ 在市区楼群中选址时，应避免天线附近有高大建筑物或即将建设的高大建筑物阻挡所需覆盖的区域。

⑤ 在城区设高站干扰范围大，影响频率复用。在郊区或农村设高站往往使处于小盆地的乡镇覆盖不好。应避免在高山上设站。

（2）站点勘察

工程勘察是工程实施前一个重要的环节，主要目的是通过现场勘察取得可靠的数据，为工程设计、网络规划及将来的工程实施奠定基础，其主要作用为确定后期建设方案。

① 通过现场实地勘察来判断是否适合建站，如果不适合，需尽早更换站址。

② 初步确定建设方案，为将来工程设计、网络规划取得准确的数据。

③ 通过现场勘察，对将来工程实施中可能会遇到的困难有个预知，比如说，在风景区新建站点就必须考虑基站与环境的协调一致。

（3）勘察报告

在工程勘察完毕后，需要对整个勘察过程做一个全面的总结，对各项结果进行精简的描述，在勘察基础之上对勘察活动做出结论，完成勘察报告和环境验收报告等勘察文档。报告中与工程实施相关的主要内容有：

① 站点位置，包括地址和经纬度等；

② 站点环境调查，物业类型和安装位置；

③ 天线安装参数，安装位置、方位角和下倾角等；

④ 现网基站、环境照片等信息。

2. 分布式 eNodeB 系统

LTE 的无线接入网元 eNodeB 在现网中是由基带处理单元（Building Base band Unit，BBU）和射频拉远单元（Radio Remote Unit，RRU）构成的分布式系统，其结构及其在 LTE 网络架构中的位置如图 2-27 所示。

（1）BBU 的功能

BBU 实现 Uu 接口基带处理功能（编码、复用、调制和扩频等）、eNodeB 接口功能、信令处理功能、本地和进程操作维护功能，以及 eNodeB 系统工作状态监控和告警信息上报功能。

（2）RRU 的功能

RRU 功能主要包括信号调制解调、数字上下变频、A/D 转换等；完成中频信号到射频信号的变换，再经过功放和滤波模块，将射频信号通过天线口发射出去。

分布式 eNodeB 系统可采用"BBU＋多 RRU"的分布式结构，支持基带和射频之间的星形、链形组网模式。其优点包括：节省建网的人工费用和工程实施费用；既可快速建网，又可节约机房租赁费用;升级扩容方便,节约网络初期的成本;有效利用运营商的网络资源。

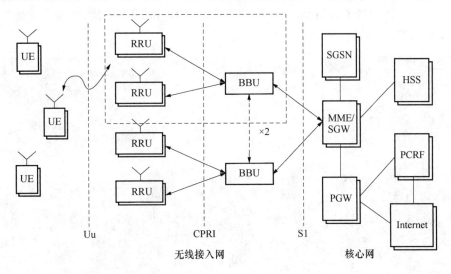

图 2-27　eNodeB 的组成结构

2.3　任务实施

2.3.1　安装无线接入网设备

启动并登录仿真软件,选择"设备配置"标签,显示机房地理位置分布,如图 2-28 所示。鼠标移到机房气球图标上时,图标会放大显示,以便于观察。用鼠标点击气球图标即可进入相应的站点或核心网机房。

图 2-28　机房地理位置分布

点击"万绿市 A 站点机房"的气球图标,显示万绿市 A 站点机房外部场景,如图 2-29 所示。仿真系统默认安装了 3 副基站天线 ANT1～ANT3 和 GPS 天线,并显示在操作区右上角的设备指示图中。

图 2-29　万绿市 A 站点机房外部场景

1. 安装站点机房设备

(1) 安装 RRU

点击万绿市 A 站点机房外部场景中发射塔顶部(黄色箭头指示区域),进入射频拉远单元安装界面,如图 2-30 所示。从设备池中拖动 RRU 到天线旁即可完成安装。安装成功后,设备指示图中会出现 RRU 的图标。

图 2-30　安装 RRU

(2) 安装 BBU

点击操作区左上角的返回箭头,返回万绿市 A 站点机房外部场景,如图 2-29 所示。点击机房门(黄色箭头指示区域),进入机房内部,如图 2-31 所示。

图 2-31   万绿市 A 站点机房内部场景

点击左侧机柜(黄色箭头指示区域),进入基带处理单元安装界面,如图 2-32 所示。从设备池中拖动 BBU 到机柜中即可完成安装。安装成功后,设备指示图中会出现 BBU 的图标。

图 2-32   安装 BBU

(3) 安装 PTN

点击操作区左上角的返回箭头,返回万绿市 A 站点机房内部场景,如图 2-31 所示。点击右侧机柜(黄色箭头指示区域),进入传输设备安装界面,如图 2-33 所示。从设备池中选择小型 PTN 并拖动到机柜中即可完成安装。安装成功后,设备指示图中会出现分组传送网(Packet Transport Network,PTN)的图标。

仿真系统默认安装了光纤配线架(Optical Distribution Frame,ODF),若在设备指示图中没有显示出 ODF 图标,可通过点击机房内部场景中的光纤配线架,使其图标出现在设备指示图中,如图 2-34 所示。

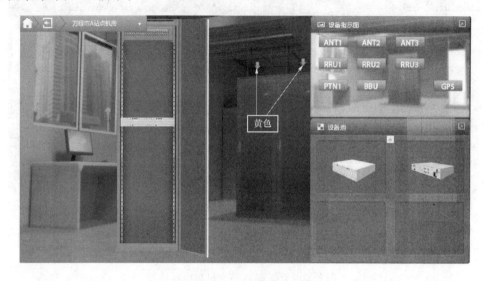

图 2-33　安装 PTN

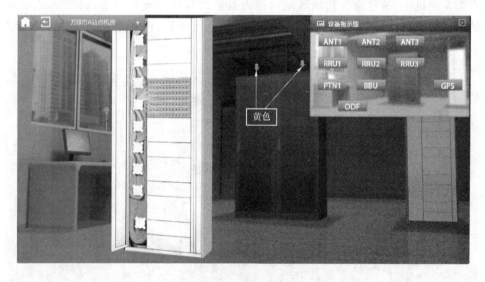

图 2-34　显示 ODF

2. 连接站点机房设备

(1) 连接天线与 RRU

点击设备指示图中的任一图标显示线缆池。从线缆池中选择天线跳线;点击设备指示图中的 ANT1 图标打开 ANT1 面板,点击 ANT1 端口;点击设备指示图中的 RRU1 图标打开 RRU1 面板,点击 ANT1 端口。用同样的方法将 ANT1 面板中的 ANT4 端口与 RRU1 面板中的 ANT4 端口相连,连接结果如图 2-35 所示。ANT2 和 RRU2、ANT3 和 RRU3 的连接步骤与此相同,不再重述。

(2) 连接 RRU 与 BBU

从线缆池中选择成对 LC-LC 光纤;点击设备指示图中的 RRU1 图标打开 RRU1 面板,

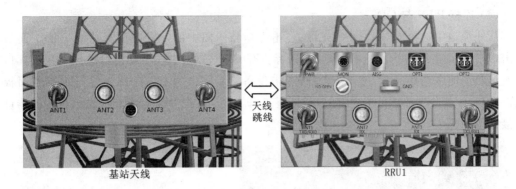

图 2-35　连接天线与 RRU

点击 OPT1 端口；点击设备指示图中的 BBU 图标打开 BBU 面板，点击 TX0 RX0 端口。用同样的方法分别将 RRU2、RRU3 面板中的 OPT1 端口与 BBU 面板中的 TX1 RX1、TX2 RX2 端口相连，连接结果如图 2-36 所示。

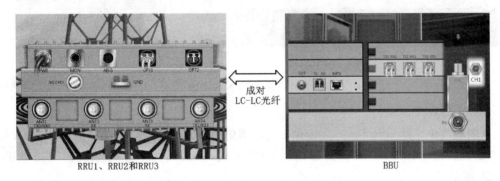

图 2-36　连接 RRU 与 BBU

（3）连接 BBU 与 PTN

站点机房因数据量较小，传输设备采用小型 PTN。小型 PTN 有 4 个端口，端口 1、2 用于连接 BBU，各自分别包含 4 个子端口 GE1～GE4；端口 3、4 用于连接 ODF。除端口 2 为以太网接口外，其他端口均为光纤接口。BBU 与 PTN 可以使用光纤连接，也可以使用以太网线连接。本实例采用网线连接形式。

从线缆池中选择以太网线；点击设备指示图中的 BBU 图标打开 BBU 面板，点击 EHT0 端口；点击设备指示图中的 PTN1 图标打开 PTN1 面板，点击端口 2 的 GE1 子端口。连接结果如图 2-37 所示。

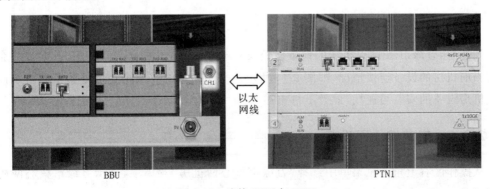

图 2-37　连接 BBU 与 PTN

（4）连接 PTN 与 ODF

从线缆池中选择成对 LC-FC 光纤；点击设备指示图中的 PTN1 图标打开 PTN1 面板，点击端口 3；点击设备指示图中的 ODF 图标打开 ODF，点击去往万绿市 B 站点机房的端口。再次从线缆池中选择成对 LC-FC 光纤；点击设备指示图中的 PTN1 图标打开 PTN1 面板，点击端口 4；点击设备指示图中的 ODF 图标打开 ODF，点击去往万绿市 C 站点机房的端口。连接结果如图 2-38 所示。

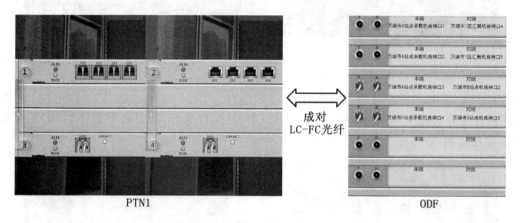

图 2-38 连接 PTN 与 ODF

（5）连接 GPS 天线

从线缆池中选择 GPS 馈线；点击设备指示图中的 BBU 图标打开 BBU 面板，点击 IN 端口；点击设备指示图中的 GPS 图标显示 GPS 天线，点击天线下方的端口。连接结果如图 2-39 所示。

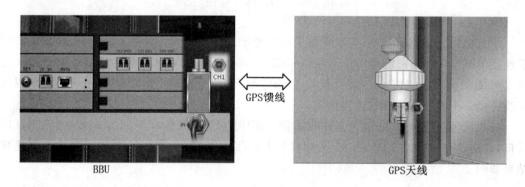

图 2-39 连接 GPS 天线

到这里，万绿市 A 站点机房的设备已经安装连接完毕，操作区右上方设备指示图中会显示出当前机房的设备连接情况，如图 2-40 所示。采用同样的方法可完成千湖市和百山市 A 站点机房设备的安装与连接，此处不再重述。

2.3.2 安装核心网设备

从操作区右上角下拉菜单中选择"万绿市核心网机房"菜单项，显示万绿市核心网机房内部场景，如图 2-41 所示。仿真系统默认安装了两台二层交换机（Switch，SW）以及光纤配

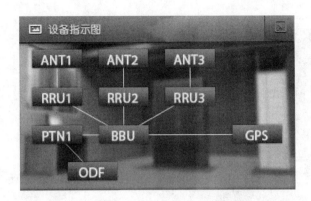

图 2-40　万绿市 A 站点机房设备的连接

线架,若在设备指示图中没有显示出 ODF 图标,可通过点击机房内部场景中的光纤配线架,使其图标出现在设备指示图中。

图 2-41　万绿市核心网机房内部场景

1. 安装核心网机房设备

(1) 安装 MME、SGW 和 PGW

点击万绿市核心网机房内部场景左侧机柜(黄色箭头指示区域),进入 MME、SGW 和 PGW 安装界面,如图 2-42 所示。万绿市为大型人口密集城市,因此核心网采用大型设备。从设备池中分别拖动大型 MME、SGW 和 PGW 到机柜中即可完成安装。安装成功后,设备指示图中会出现 MME、SGW 和 PGW 的图标。

(2) 安装 HSS

点击操作区左上角的返回箭头,返回万绿市核心网机房内部场景,如图 2-41 所示。点击右侧机柜(黄色箭头指示区域),进入 HSS 安装界面,如图 2-43 所示。万绿市为大型人口密集城市,因此核心网采用大型设备。从设备池中拖动大型 HSS 到机柜中即可完成安装。安装成功后,设备指示图中会出现 HSS 的图标。

图 2-42　安装 MME、SGW 和 PGW

图 2-43　安装 HSS

2. 连接核心网机房设备

(1) 连接 MME 与 SW

点击设备指示图中的任一图标显示线缆池。从线缆池中选择成对 LC-LC 光纤；点击设备指示图中的 MME 图标打开 MME 面板，点击 7 槽位单板最上方的 10G 光纤端口；点击设备指示图中的 SW1 图标打开 SW1 面板，点击端口 1(10G)。连接结果如图 2-44 所示。

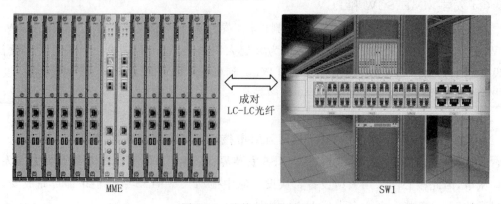

图 2-44　连接 MME 与 SW

（2）连接 SGW 与 SW

从线缆池中选择成对 LC-LC 光纤；点击设备指示图中的 SGW 图标打开 SGW 面板，点击 7 槽位单板上的 100G 光纤端口；点击设备指示图中的 SW1 图标打开 SW1 面板，点击端口 13（100G）。连接结果如图 2-45 所示。

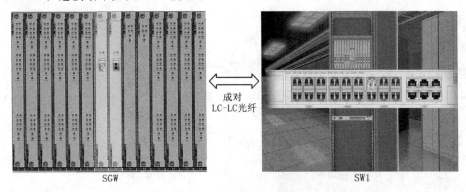

图 2-45　连接 SGW 与 SW

（3）连接 PGW 与 SW

从线缆池中选择成对 LC-LC 光纤；点击设备指示图中的 PGW 图标打开 PGW 面板，点击 7 槽位单板上的 100G 光纤端口；点击设备指示图中的 SW1 图标打开 SW1 面板，点击端口 15（100G）。连接结果如图 2-46 所示。

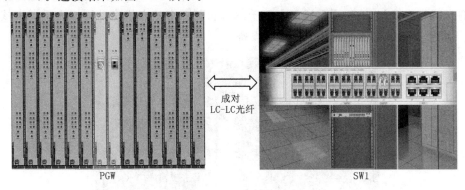

图 2-46　连接 PGW 与 SW

（4）连接 HSS 与 SW

从线缆池中选择成对 LC-LC 光纤；点击设备指示图中的 HSS 图标打开 HSS 面板，点击 7 槽位单板上的 1G 以太网端口；点击设备指示图中的 SW1 图标打开 SW1 面板，点击端口 19（1G 以太网口）。连接结果如图 2-47 所示。

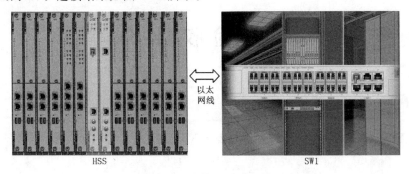

图 2-47　连接 HSS 与 SW

（5）连接 SW 与 ODF

从线缆池中选择成对 LC-FC 光纤；点击设备指示图中的 SW1 图标打开 SW1 面板，点击端口 17(100G)；点击设备指示图中的 ODF 图标打开 ODF，点击连接万绿市承载中心机房的端口。连接结果如图 2-48 所示。

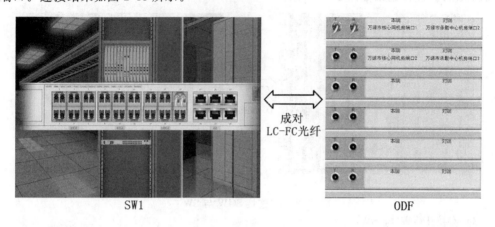

图 2-48　连接 SW 与 ODF

到这里，万绿市核心网机房的设备已经安装连接完毕，操作区右上方设备指示图中会显示出当前机房的设备连接情况，如图 2-49 所示。采用同样的方法可完成千湖市核心网机房设备的安装与连接，此处不再重述。由于千湖市和百山市站点机房共同接入千湖市核心网机房，因此千湖市核心网机房也采用大型设备。

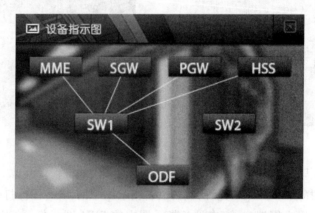

图 2-49　万绿市核心网机房设备的连接

2.4　验收评价

2.4.1　任务实施评价

"安装无线及核心网设备"任务评价如表 2-2 所示。

表 2-2　"安装无线及核心网设备"任务评价

任务 2　安装无线及核心网设备

班级			小组		
评价要点	评价内容	分值	得分	备注	
基础知识 (40 分)	明确工作任务和目标	5			
	LTE 的关键技术	15			
	LTE 无线网络物理层	15			
	LTE 的站点规划	5			
任务实施 (50 分)	安装无线接入网设备	10			
	连接无线接入网设备	15			
	安装核心网设备	10			
	连接核心网设备	15			
操作规范 (10 分)	按规范操作,防止损坏仪器仪表	5			
	保持环境卫生,注意用电安全	5			
合计		100			

2.4.2　思考与练习题

1. 什么是多址接入? 移动通信系统中常见的多址接入技术有哪些?

2. 什么是正交频分多址技术?

3. 简述 LTE 的无线帧结构。

4. LTE 系统是如何定义资源粒子和资源块的?

5. 什么是逻辑信道? LTE 有哪些逻辑信道?

6. 什么是传输信道? LTE 有哪些传输信道?

7. 什么是物理信道? LTE 有哪些物理信道?

8. 简述逻辑信道至传输信道的映射关系。

9. 基站站址的选择受哪些因素的影响?

10. 简述分布式 eNodeB 系统的结构和各部分的作用。

任务 3　配置无线及核心网数据

【学习目标】

◇ 了解 LTE 的接口与协议。

◇ 掌握 LTE 核心网关键概念。

◇ 熟悉 LTE 无线接入网数据配置的步骤和内容。

◇ 熟悉 LTE 核心网数据配置的步骤和内容。

3.1　任务描述

根据规划正确配置无线接入网及核心网数据,开通并测试各种移动业务是 4G 移动网络建设最重要的一步,是拓展移动系统的关键。本次任务使用仿真软件完成基站和核心网机房的数据配置及业务测试,为后续与承载网对接打下基础。数据配置与测试针对万绿、千湖和百山 3 座城市进行。其中,万绿市位于平原,是移动用户数量在 1 000 万以上的大型人口密集城市;千湖市四周为湖泊,是移动用户数量在 500 万～1 000 万的中型城区城市;百山市位于山区,是移动用户数量在 500 万以下的小型城郊城市。

本次 4G 无线接入及核心网数据配置与测试工作共涉及了 5 个机房。无线接入网侧为 3 个机房,即万绿市、千湖市和百山市 A 站点机房;核心网侧 2 个机房,即万绿市和千湖市核心网机房。其中,万绿市站点机房与万绿市核心网机房连接;千湖市和百山市站点机房共同接入千湖市核心网机房。万绿市和千湖市核心网中各网元均通过二层交换机连接,IP 地址规划如图 3-1 所示。

万绿市和千湖市 A 站点采用 TDD 方式,百山市 A 站点采用 FDD 方式。无线接入网侧参数规划如表 3-1 所示。

表 3-1　无线接入网侧参数规划

参数名称	万绿市	千湖市	百山市
eNodeB 标识	1	2	3
无线制式	LTE TDD	LTE TDD	LTE FDD
移动国家码(MCC)	460	460	460
移动网络号(MNC)	00	00	00
支持频段范围	1 900～2 200 MHz	3 400～3 800 MHz	800～1 000 MHz
RRU 收发模式	2×2	2×2	2×2
发射端口号	0,3	0,3	0,3

续　表

参数名称	万绿市	千湖市	百山市
接收端口号	0、3	0、3	0、3
小区标识(ID)	1、2、3	4、5、6	7、8、9
RRU 链路光口	1、2、3	1、2、3	1、2、3
跟踪区码(TAC)	1A1B	2A2B	2A2B
物理小区标识码(PCI)	1、2、3	4、5、6	7、8、9
频段指示	33	43	5
中心频率	1 910	3 700	—
小区频域带宽	20[5]	20[5]	20[5]
上下行子帧分配配置	[3]DL∶UL=7∶3	[3]DL∶UL=7∶3	—
特殊子帧位置	7	7	—
上行链路中心载频	—	—	830
下行链路中心载频	—	—	880
发射天线端口数目	2	2	2
物理天线数	2	2	2
UE 天线发射模式	TM3	TM3	TM3
下行 MSC 配置	15	15	15
上行 MSC 配置	15	15	15
下行 RB 配置	100	100	100
上行 RB 配置	100	100	100
CFI 选择	1	1	1
上行干扰抑制开关	√	√	√
集中式干扰协调使能开关	√	√	√
小区参考信号功率	15.2	15.2	15.2
描述	万绿 1、2、3 小区	千湖 1、2、3 小区	百山 1、2、3 小区

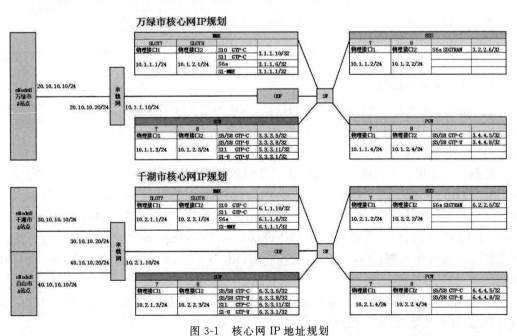

图 3-1　核心网 IP 地址规划

3.2 知识准备

3.2.1 LTE 的接口与协议

LTE 系统的接口很多,主要有移动台和 eNodeB 之间的 Uu 接口、eNodeB 之间的 X2 接口以及核心网接口 S1(包括 S-MME 和 S-U)、S11、S6a、S10、S5/S8 等,如图 3-2 所示。

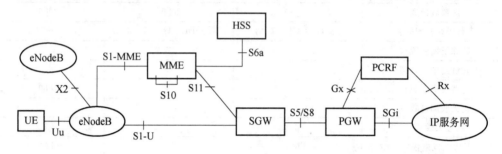

图 3-2　LTE 系统的主要接口

LTE 核心网接口的名称、协议、位置及功能如表 3-2 所示。

表 3-2　LTE 核心网的主要接口

名　称	协　议	位　置	功　能
S1-MME	S1AP	eNodeB - MME	用于传送会话管理和移动性管理信息
S1-U	GTPv1	eNodeB-SGW	在 SGW 与 eNodeB 间建立隧道,传送数据
S11	GTPv2	MME-SGW	在 MME 和 SGW 间建立隧道,传送信令
S6a	Diameter	MME-HSS	完成用户位置信息的交换和用户签约信息的管理
S10	GTPv2	MME-MME	在 MME 间建立隧道,传送信令
S5/S8	GTPv2	SGW-PGW	在 SGW 和 PGW 间建立隧道,传送数据

1. LTE 的空中接口

空中接口(Uu)是终端和接入网之间的接口,也称之为无线接口。无线接口协议主要用来建立、重配置和释放各种无线承载业务,根据用途分为用户面协议和控制面协议。

(1) 空中接口控制面

控制面负责用户无线资源的管理、无线连接的建立、业务的 QoS 保证和最终的资源释放,协议栈如图 3-3 所示,由物理(Physical,PHY)层、数据链路层和网络层组成。其中,数据链路层包括媒体接入控制(Media Access Control,MAC)子层、无线链路控制(Radio Link Control,RLC)子层、分组数据汇聚协议(Packet Data Convergence Protocol,PDCP)子层;网络层包括无线资源控制(Radio Resource Control,RRC)子层、非接入层(Non-Access Stratum,NAS)。

NAS 在网络侧终止于 MME,主要实现 EPC 承载管理、鉴权、产生 LTE-IDLE 状态下的寻呼消息、移动性管理、安全控制等。

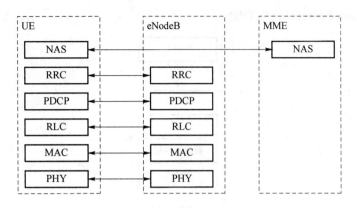

图 3-3 空中接口控制面协议栈

RRC 在网络侧终止于 eNodeB,主要实现系统消息广播,寻呼的建立、管理、释放,RRC 连接管理,无线承载(Radio Bearer,RB)管理,移动性功能,终端的测量和测量上报控制。

PDCP 在网络侧终止于 eNodeB,需要完成控制面的加密、完整性保护等功能。

RLC 实现数据包的封装和解封装、自动重传请求过程、数据的重排序和重复检测、协议错误检测和恢复等。

MAC 实现信道管理与映射、数据包封装与解封装、混合自动重传请求、数据调度、逻辑信道的优先级管理等。

(2) 空中接口用户面

用户面用于执行无线接入承载业务,主要负责用户发送和接收的所有信息的处理,协议栈如图 3-4 所示,主要由 PDCP、RLC、MAC 和 PHY 组成。

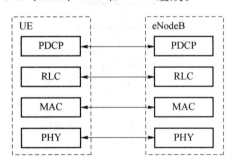

图 3-4 空中接口用户面协议栈

PDCP 在网络侧终止于 eNodeB,主要任务是头压缩、用户面数据加密。

RLC 和 MAC 在网络侧终止于 eNodeB,在控制面和用户面执行的功能相同。

2. LTE 的 S1 接口

S1 接口是 MME/S-GW 与 eNodeB 之间的接口,它不同于 3G UMTS 中的 Iu 接口。Iu 接口连接包括 3G 核心网的分组交换(Packet Switch,PS)域和电路交换(Circuit Switch,CS)域,S1 接口只支持 PS 域。

(1) S1 控制面接口

S1 控制面接口(S1-MME)位于 eNodeB 和 MME 之间,协议栈如图 3-5 所示。S1-MME 的传输网络层建立在 IP 传输基础上。为了可靠地传输信令消息,在 IP 层之上添加了流控制传输协议(Stream Control Transmission Protocol,SCTP)。应用层采用 S1-应用协议(S1-Application Protocol,S1-AP)。

图 3-5　S1 接口控制面协议栈

(2) S1 用户面接口

S1 用户面接口(S1-U)位于 eNodB 和 S-GW 之间,提供 eNodeB 和 S-GW 间用户面协议数据单元(Protocol Data Unite,PDU)的非保障传输,协议栈如图 3-6 所示。S1-U 的传输网络层基于 IP 传输,在用户数据报协议(User Datagram Protocol,UDP)/IP 协议之上采用 GPRS 用户面隧道协议(GPRS Tunneling Protocol for User Plane,GTP-U)传输 S-GW 与 eNodeB 之间的用户面 PDU。

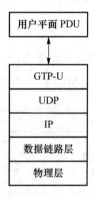

图 3-6　S1 接口用户面协议栈

(3) S1 接口主要功能

① SAE 承载服务管理功能(包括 SAE 承载建立、修改和释放)。

② S1 接口 UE 上下文释放功能。

③ LTE_ACTIVE 状态下 UE 的移动性管理功能。

④ S1 接口的寻呼。

⑤ NAS 信令传输功能。

⑥ S1 接口管理功能,包括复位、错误指示以及过载指示等。

⑦ 网络共享功能。

⑧ 漫游于区域限制支持功能。

⑨ NAS 节点选择功能。

⑩ 初始上下文建立过程。

3. LTE 的 X2 接口

X2 接口是 eNodeB 与 eNodeB 之间的接口,其定义采用了与 S1 接口一致的原则,控制面协议结构和用户面协议结构均与 S1 接口类似。

（1）X2 接口控制面

X2 控制面接口（X2-CP）位于 eNodeB 和 eNodeB 之间,协议栈如图 3-7 所示。传输网络层在 IP 协议上面也采用了 SCTP,为信令提供可靠的传输。应用层采用 X2-应用协议（X2-Application Protocol,X2-AP）。

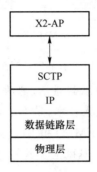

图 3-7　X2 接口控制面协议栈

（2）X2 接口用户面

X2 用户面接口（X2-U）位于 eNodeB 和 eNodeB 之间,提供 eNodeB 间的用户数据传输功能,协议栈如图 3-8 所示。X2-U 的传输网络层基于 IP 传输,在 UDP/IP 协议之上采用 GTP-U 来传输 eNodeB 和 eNodeB 之间的用户面 PDU。

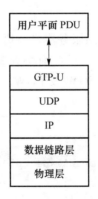

图 3-8　X2 接口用户面协议栈

（3）X2 接口主要功能

① 移动性管理,包括切换资源的分配、UE 上下文的释放等。

② 上行负载管理功能。

③ eNodeB 与 eNodeB 间一般性管理与错误处理功能,如错误指示等。

4. LTE 核心网协议

LTE 核心网接口协议根据功能不同,可分为控制面协议和用户面协议。

（1）控制面协议栈

控制面协议实现 E-UTRAN 和 EPC 之间的信令传输,包括 RRC 信令、S1-AP 信令以及

NAS 信令,协议栈如图 3-9 所示。

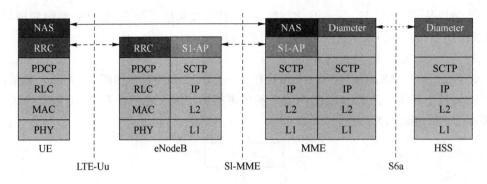

图 3-9　LTE 核心网控制面协议栈

NAS 协议支持移动性管理及用户承载激活、修改和删除,同时,也负责 NAS 信令的加密和完整性保护。NAS 完全独立于接入技术,是 UE 和 MME 之间的信令交互。EPS 移动性管理(EPS Mobility Management,EMM)和 EPS 会话管理(EPS Session Management,ESM)都是在非接入层信令连接建立的基础上发起的,也就是这些过程对于无线接入网是透明的,仅仅在 UE 与 EPC 之间交互。

RRC 信令和 S1-AP 信令为 NAS 信令的底层承载。RRC 支撑所有 UE 和 eNodeB 之间的信令过程,包括移动过程和终端连接管理。当 S1-AP 支持 NAS 信令传输时,UE 和 MME 之间的信令传输对于 eNodeB 来说是完全透明的。

S6a 是 HSS 与 MME 之间的接口,此接口也是信令接口,主要实现用户鉴权、位置更新、签约信息管理等功能。

(2)用户面协议栈

用户面协议展示了 UE 与外部应用服务器之间通过 LTE/EPC 网络进行应用层数据交互的整个过程,协议栈如图 3-10 所示。用户面协议最左端是 UE,最右端是应用服务器,EPS 的用户面处理节点包括 eNodeB、SGW 及 PGW。

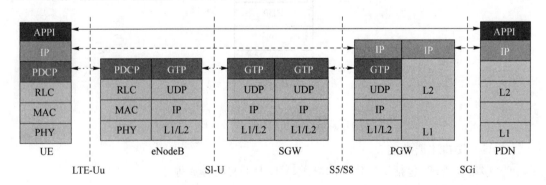

图 3-10　LTE 核心网用户面协议栈

应用层数据不仅包括用户语音和网页浏览的数据,还包括与应用层相关的会话初始协议(Session Initiation Protocol,SIP)和实时传输控制协议(Realtime Transport Control Protocol,RTCP)。应用层数据通过 IP 层进行路由,在到达目的地之前通过核心网中的网关(SGW 和 PGW)路由。GTP 隧道对于终端和服务器是完全透明的,仅仅更新 EPC 和 E-UTRAN 节点间的中间路由信息。

3.2.2　LTE 核心网关键概念

1. 国际移动用户标识

国际移动用户标识(International Mobile Subscriber Identification,IMSI)是在移动网中唯一识别一个移动用户的号码。它为 15 位,结构如图 3-11 所示。

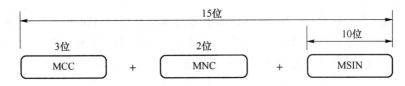

图 3-11　国际移动用户标识的结构

① 移动国家码(MCC)长度为 3 位,十进制,用于标识移动用户所属的国家,由国际电信联盟(International Telecommunication Union,ITU)统一分配。

② 移动网络号(MNC)长度为 2 位,十进制,用于标识移动用户的归属公共陆地移动网络(Public Land Mobile Network,PLMN),由各个运营商或国家政策部门负责分配。

③ 移动用户识别码(MSIN)长度为 10 位,十进制,用于标识一个 PLMN 内的移动用户。

2. UE 全球唯一临时标识

UE 全球唯一临时标识(Globally Unique Temporary UE Identity,GUTI)是由 MME 为附着在 EPS 的用户分配的一个用于分组域的临时移动用户标识。它由五部分组成,结构为 MCC+MNC+MME Group ID+MMEC+M-TMSI。

① 移动国家码长度为 3 位,十进制,用于标识移动用户所属的国家。

② 移动网络号长度为 2 位,十进制,用于标识移动用户的归属 PLMN。

③ MME 组标识(MME Group ID)长度为 32 位,二进制,用于标识 MME 所属的组。

④ MME 编码(MMEC)长度为 16 位,二进制,用于标识 MME。

⑤ M 临时移动用户识别码(M-TMSI)长度为 8 位,二进制,结构和编码由运营商和制造商共同确定,以满足实际运营的需要。

3. 移动用户综合业务数字网络标识

移动用户综合业务数字网络标识(Mobile Subscriber Integrated Services Digital Network Number,MSISDN)由三部分组成,结构为 CC+NDC+SN。它是国际电信联盟电信标准局(International Telecommunication Union Telecommunication Standardization Sector,ITU-T)分配给移动用户的唯一识别号,采取 E.164 编码方式。在 EPS 中,HSS 将签约的 MSISDN 带给 MME。

① 国家码(Country Code,CC)长度为 3 位,十进制,用于标识移动用户所属的国家。

② 国内接入号(National Destination Code,NDC)长度为 3 位,十进制,用于标识移动用户归属的运营商。

③ 用户号码(Subscriber Number,SN)长度为 8 位,十进制,用于标识一个移动用户。

4. 国际移动终端设备标识

国际移动终端设备标识(International Mobile station Equipment Identity,IMEI)用于

标识终端设备,可以用于验证终端设备的合法性。它由三部分组成,结构为 TAC ＋ SNR (Serial Number,出厂序号)＋Spare(备用)。

① 设备型号核准号码(Type Approval Code,TAC)由型号批准中心分配。

② 出厂序号表示生产厂家或最后装配所在地,由厂家编码。

③ 备用为 0。

5. 接入点名称

接入点名称(Access Point Name,APN)可通过域名系统(Domain Name System,DNS)转换为 PGW 的 IP 地址,结构如图 3-12 所示。其中,APN 网络标识(APN_NI)通常作为用户签约数据存储在 HSS 中。用户在发起分组业务时也要向 MME 提供 APN。

图 3-12　接入点名称的结构

6. 跟踪区标识

跟踪区标识(Tracking Area Identity,TAI)在整个 PLMN 网络中唯一,用于标识跟踪区(Tracking Area,TA),由 E-UTRAN 分配。它由三部分组成,格式为 TAC＋MNC＋MCC。

① 跟踪区代码(Tracking Area Code,TAC)用于标识跟踪区。在 EPS 中一个或多个小区组成一个跟踪区,用于用户的移动性管理,跟踪区之间没有重叠区域。

② 移动网络号长度为 2 位,十进制,用于标识移动用户的归属 PLMN。

③ 移动国家码长度为 3 位,十进制,用于标识移动用户所属的国家。

7. 跟踪区列表

跟踪区列表(Tracking Area List,TA List)中所有 UE 注册的跟踪区都由同一个服务 MME 处理,当 UE 在同一个 TA List 里移动时不会触发 TA 更新流程。网络对用户的寻呼会在 TA List 的所有 TA 中进行。TA List 可能在附着(Attach)、跟踪区更新(Tracking Area Update)等过程中由 MME 重分配给 UE。合理的 TA List 分配方式和设计方法可以有效地减少跟踪区更新发生的概率,提高资源利用率。

3.3　任务实施

3.3.1　配置无线接入网数据

启动并登录仿真软件,选择"数据配置"标签,并从操作区右上角下拉菜单中选择"万绿市 A 站点机房_无线"菜单项,进入万绿市 A 站点机房无线数据配置界面,它由"配置节点""命令导航"和"参数配置"3 个区域组成,如图 3-13 所示。"配置节点"区进行网元类别的选择,根据站点机房的选择以及实际设备配置情况,涉及的网元节点有 BBU、RRU1/2/3 和无线参数;"命令导航"区可随着网元节点的切换,以树状形式显示不同的命令;"参数配置"区可根据网元节点以及命令的选择,提供对应参数的输入及修改。

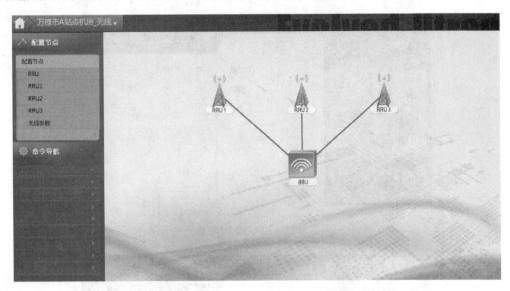

图 3-13　站点机房无线数据配置界面

1. 配置 BBU

(1) 网元管理

在"配置节点"区选择"BBU",在"命令导航"区选择"网元管理",在"参数配置"区输入 eNodeB 标识、设备属性等参数,如图 3-14 所示。点击"确定"按钮保存数据。

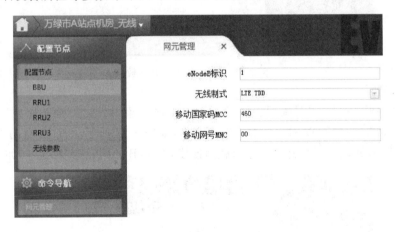

图 3-14　BBU 网元管理数据

(2) IP 地址

在"命令导航"区选择"IP 配置",在"参数配置"区输入 eNodeB 的 IP 协议参数,如图 3-15所示。注意,网关 IP 地址应与 BBU 的 IP 地址在同一子网中,如图 3-1 所示。

(3) 对接配置

① SCTP 配置

在"命令导航"区选择"对接配置",打开下一级命令菜单,选择"SCTP 配置",在"参数配置"区输入 eNodeB 与 MME 对接的 SCTP 参数,如图 3-16 所示。其中,远端 IP 地址是指

MME 的 S1-MME 地址,如图 3-1 所示。

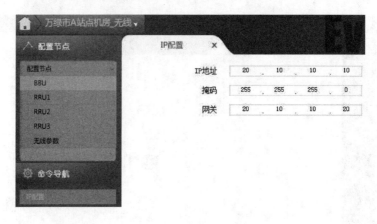

图 3-15　BBU 的 IP 地址

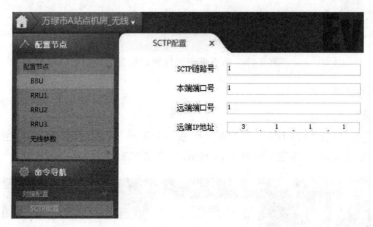

图 3-16　BBU 的 SCTP 参数

② 静态路由

在"命令导航"区选择"对接配置",打开下一级命令菜单,选择"静态路由",在"参数配置"区输入 eNodeB 与 SGW 对接的静态路由数据,如图 3-17 所示。其中,目的 IP 地址是指 SGW 的 S1-U 地址,下一跳 IP 地址是承载网连接 eNodeB 的网元的 IP 地址,如图 3-1 所示。

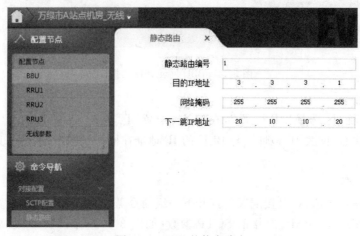

图 3-17　BBU 的静态路由

（4）物理参数

在"命令导航"区选择"物理参数"，在"参数配置"区输入 BBU 设备物理接口属性参数，如图 3-18 所示。因为在设备连接时 BBU 分别与 3 个扇区的 RRU 相连，所以"RRU 链接光口使能"旁的 3 个复选框均要勾选；设备连接时 BBU 与 PTN 采用以太网线相连，因此这里的"承载链路端口"应选择"网口"。

图 3-18 BBU 的物理参数

2. 配置 RRU

在"配置节点"区选择"RRU1"，在"命令导航"区选择"射频配置"，在"参数配置"区输入 RRU 收发能力和频段等参数，如图 3-19 所示。点击"确定"按钮保存数据。RRU2、RRU3 与 RRU1 配置参数相同，此处不再重述。

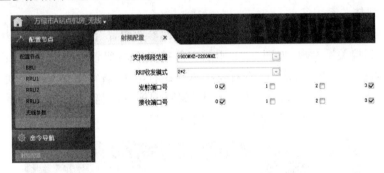

图 3-19 RRU 的射频参数

3. 配置无线参数

（1）增加小区

万绿市 A 站点机房有 3 个 TDD 小区，因此需要逐一配置。在"配置节点"区选择"无线参数"，在"命令导航"区选择"TDD 小区配置"，点击"参数配置"区中的"＋"号，添加"小区 1"，输入小区参数，如图 3-20 所示。点击"删除配置"按钮可删除当前小区所有数据项。各小区的物理位置可参见右下角小地图。

点击"参数配置"区中的"＋"号或"复制配置"按钮，添加"小区 2"和"小区 3"。它们的无线参数与小区 1 基本相同，区别只在"小区标识 ID""RRU 链路光口"和"物理小区识别码 PCI"3 个参数上。小区 2 的这些参数均设为"2"，小区 3 的这些参数均设为"3"。

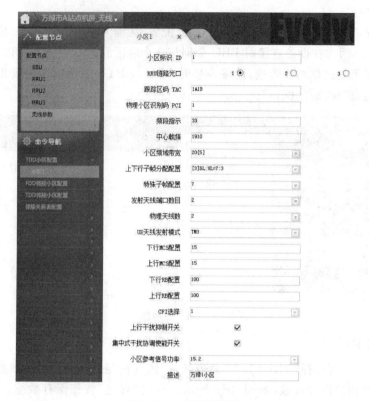

图 3-20　小区数据配置

（2）配置邻接关系

在"命令导航"区选择"邻接关系表配置"，点击"参数配置"区中的"＋"号，添加"关系1"，输入小区 1 的邻接关系参数，如图 3-21 所示。邻接关系的配置为单向切换，若当前小区 A 为源小区，目的小区为 B，则此邻接关系表示 A→B 的切换；若需要 B→A 的切换，则还要以 B 为当前小区，配置 B→A 的邻接关系。点击"删除配置"可删除当前邻接关系。点击"参数配置"区中的"＋"号，分别为小区 2 和小区 3 添加邻接关系。

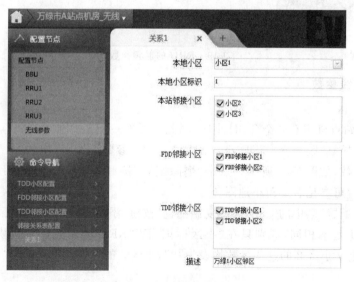

图 3-21　小区邻接关系配置

到这里,万绿市 A 站点机房数据配置完毕。参考图 3-1 和表 3-1,采用同样的方法可完成千湖市和百山市 A 站点机房的数据配置,此处不再重述。

3.3.2　配置核心网数据

从操作区右上角下拉菜单中选择"万绿市核心网机房"菜单项,进入万绿市核心网机房数据配置界面,它由"配置节点""命令导航"和"参数配置"3 个区域组成,如图 3-22 所示。可在"配置节点"区进行网元类别的选择,根据核心机房的选择以及实际设备配置情况,核心网涉及的网元节点有 MME、SGW、PGW 和 HSS。

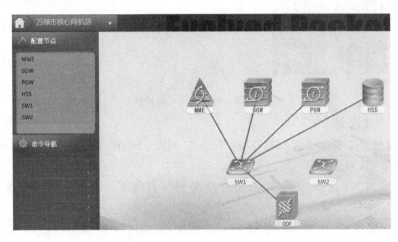

图 3-22　核心网机房数据配置界面

1. 配置 MME

(1) 本局数据配置

MME 网元作为交换网络的一个交换节点存在,必须与网络中其他节点配合才能完成网络交换功能,因此需针对交换局的不同情况,配置各自的局数据。本局数据主要包括全局移动参数和 MME 控制面地址。

① 设置全局移动参数

在"配置节点"区选择"MME",在"命令导航"区选择"设置全局移动参数",在"参数配置"区输入本局数据,如图 3-23 所示。

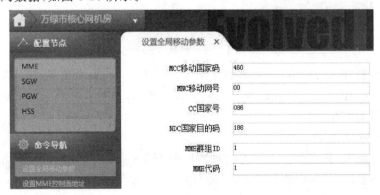

图 3-23　全局移动参数

② 设置 MME 控制面地址

在"命令导航"区选择"设置 MME 控制面地址",在"参数配置"区输入 MME 控制面地址,即 MME 的 S10、S11 接口地址,如图 3-24 所示。

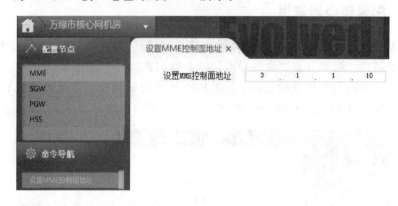

图 3-24　MME 控制面地址

（2）网元对接配置

网元对接配置主要是配置 MME 与 eNodeB、HSS、SGW、其他 MME 之间的对接参数。

① 与 eNodeB 对接配置

在"命令导航"区选择"与 eNodeB 对接配置",打开下一级命令菜单,选择"增加与 eNodeB 偶联",点击"参数配置"区中的"＋"号,添加"偶联 1",输入偶联数据,如图 3-25 所示。其中,本地偶联 IP 是 MME 的 S1-U 接口地址,对端偶联 IP 是万绿市 A 站点机房 BBU 的 IP 地址。

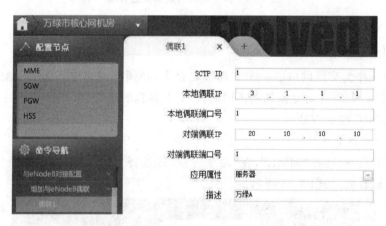

图 3-25　偶联数据

在"命令导航"区选择"与 eNodeB 对接配置",打开下一级命令菜单,选择"增加 TA",点击"参数配置"区中的"＋"号,添加"TA1",输入 TA 数据,如图 3-26 所示。TAC 为 4 位十六进制数,这里设为"1A1B"。

② 与 HSS 对接配置

在"命令导航"区选择"与 HSS 对接配置",打开下一级命令菜单,选择"增加 Diameter 连接",点击"参数配置"区中的"＋"号,添加"Diameter 连接 1",输入 Diameter 连接数据,如图 3-27 所示。其中,Diameter 偶联本端 IP 是 MME 的 S6a 接口地址,Diameter 偶联对端 IP

是 HSS 的 S6a 接口地址。

图 3-26 跟踪区数据

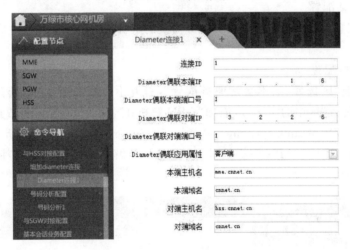

图 3-27 Diameter 连接数据

在"命令导航"区选择"与 HSS 对接配置",打开下一级命令菜单,选择"号码分析配置",点击"参数配置"区中的"＋"号,添加"号码分析 1",输入分析号码"460001",即 MCC＋MNC,如图 3-28 所示。

图 3-28 号码分析数据

③ 与 SGW 对接配置

在"命令导航"区选择"与 SGW 对接配置",在"参数配置"区输入 SGW 对接数据,如图

3-29 所示。其中,MME 控制面地址是 S11 的接口地址。

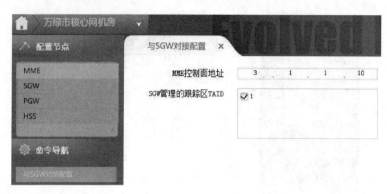

图 3-29　SGW 对接数据

（3）基本会话配置

基本会话配置主要配置系统中相关业务需要的解析,包括 APN 解析、EPC 地址解析和
MME 地址解析。

① APN 解析配置

在"命令导航"区选择"基本会话业务配置",打开下一级命令菜单,选择"APN 解析配
置",点击"参数配置"区中的"＋"号,添加"APN 解析 1",输入 APN 解析数据,如图 3-30 所
示。其中,APN 为"test. apn. epc. mnc000. mcc460. 3gppnetwork. org";解析地址为 PGW 的
S5/S8 接口控制面地址。APN 解析是对 PGW 地址的解析,也就为用户连接到互联网指明
了所使用的 PGW。

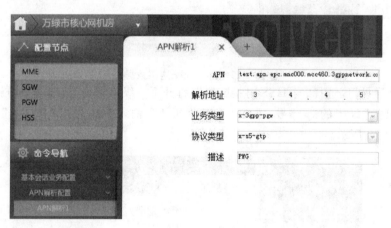

图 3-30　APN 解析数据

② EPC 地址解析配置

在"命令导航"区选择"基本会话业务配置",打开下一级命令菜单,选择"EPC 地址解析
配置",点击"参数配置"区中的"＋"号,添加"EPC 地址解析 1",输入 EPC 地址解析数据,如
图 3-31 所示。其中,名称为"tac-lb1B. tac-hb1A. tac. epc. mnc000. mcc460. 3gppnetwork.
org";EPC 地址解析是对 SGW 地址的解析,因此解析地址为 SGW 的 S11 接口控制面
地址。

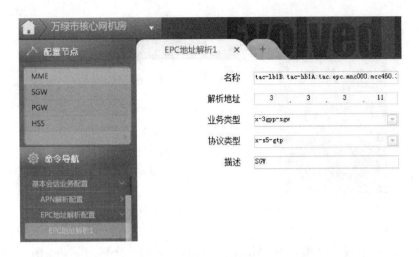

图 3-31　EPC 地址解析数据

③ MME 地址解析配置

在"命令导航"区选择"基本会话业务配置",打开下一级命令菜单,选择"MME 地址解析配置",点击"参数配置"区中的"＋"号,添加"MME 地址解析 1",输入 MME 地址解析数据,如图 3-32 所示。其中,名称为"mmec2. mmegi1. mme. epc. mnc000. mcc460. 3gppnetwork. org",这里的"mmec2"和"mmegi1"是对端千湖市 MME 的代码和群组 ID。MME 地址解析中的地址是对端 MME 控制面地址,本例为千湖市 MME 的 S10 接口控制面地址。

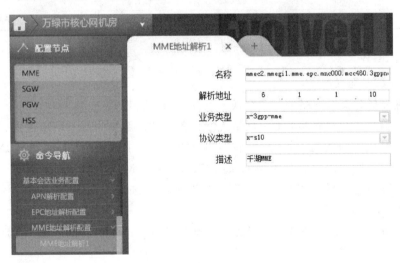

图 3-32　MME 地址解析数据

(4) 接口地址及路由配置

地址及路由配置主要是配置各个接口上的 IP 地址以及静态路由。

① 接口 IP 配置

MME 通过接口板与外部网络相连接。接口 IP 配置就是将逻辑接口 IP 地址对应到实际接口板的物理接口上。在"命令导航"区选择"接口 IP 配置",点击"参数配置"区中的"＋"号,添加"接口 1",输入 MME 物理接口数据,如图 3-33 所示。

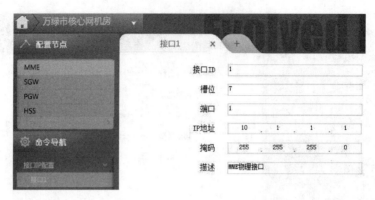

图 3-33　MME 物理接口数据

② 路由配置

万绿市 MME 通过协议接口 S1-MME、S6a、S11 和 S10 分别与 eNodeB、HSS、SGW 和千湖市 MME 相连。在"命令导航"区选择"路由配置",点击"参数配置"区中的"＋"号,添加路由并输入配置数据。万绿市 MME 各条路由的参数如表 3-3 所示。

表 3-3　万绿市 MME 路由数据

路由 ID	目的地址	掩　码	下一跳	优先级	描　述
1	20.10.10.10	255.255.255.255	10.1.1.10	1	eNodeB
2	3.2.2.6	255.255.255.255	10.1.1.2	1	HSS
3	3.3.3.11	255.255.255.255	10.1.1.3	1	SGW
4	6.1.1.10	255.255.255.255	10.1.1.10	1	千湖市 MME

2. 配置 SGW

（1）本局数据配置

SGW 网元作为交换网络的一个交换节点存在,必须和网络中其他节点配合才能完成网络交换功能,因此需针对交换局的不同情况配置各自的局数据,即 PLMN 数据。配置 SGW 所归属的 PLMN,其目的在于当 SGW 收到用户的激活请求消息并解析出用户 IMSI 号码中的 MCC 和 MNC 后,需要与 SGW 所归属的 PLMN 中的 MCC 和 MNC 进行比较,以便区分用户是本地、拜访还是漫游用户。当 SGW 与周边网元进行交互时,也需要在信令中携带 SGW 归属的 PLMN 信息。

在"配置节点"区选择"SGW",在"命令导航"区选择"PLMN 配置",在"参数配置"区输入本局数据,如图 3-34 所示。

图 3-34　SGW 的本局数据

（2）网元对接配置

网元对接配置主要是配置 SGW 与 eNodeB、MME 和 PGW 之间的对接参数。

① 与 MME 对接配置

在"命令导航"区选择"与 MME 对接配置"，在"参数配置"区输入 SGW 侧与 MME 对接的 S11 接口地址，如图 3-35 所示。

图 3-35　SGW 与 MME 对接数据

② 与 eNodeB 对接配置

在"命令导航"区选择"与 eNodeB 对接配置"，在"参数配置"区输入 SGW 侧与 eNodeB 对接的 S1-U 接口地址，如图 3-36 所示。

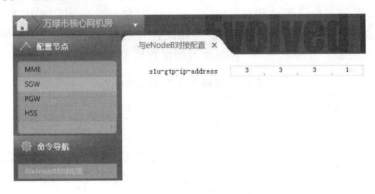

图 3-36　SGW 与 eNodeB 对接数据

③ 与 PGW 对接配置

在"命令导航"区选择"与 PGW 对接配置"，在"参数配置"区输入 SGW 侧与 PGW 对接的 S5/S8 接口地址，如图 3-37 所示。

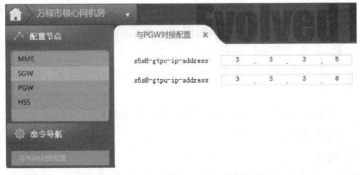

图 3-37　SGW 与 PGW 对接数据

（3）接口地址及路由配置

① 接口 IP 配置

SGW 通过接口板与外部网络相连接。接口 IP 配置就是将逻辑接口 IP 地址对应到实际接口板的物理接口上。在"命令导航"区选择"接口 IP 配置"，点击"参数配置"区中的"＋"号，添加"接口 1"，输入 SGW 物理接口数据，如图 3-38 所示。

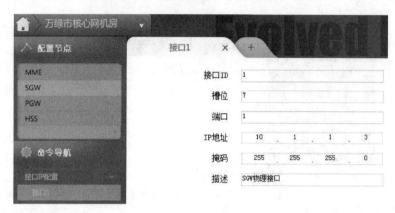

图 3-38　SGW 物理接口数据

② 路由配置

万绿市 SGW 通过协议接口 S1-U、S5、S8 和 S11 分别与 eNodeB、PGW 控制面、PGW 用户面和 MME 相连。在"命令导航"区选择"路由配置"，点击"参数配置"区中的"＋"号，添加路由并输入配置数据。万绿市 SGW 各条路由的参数如表 3-4 所示。

表 3-4　万绿市 SGW 路由数据

路由 ID	目的地址	掩　码	下一跳	优先级	描　述
1	20.10.10.10	255.255.255.255	10.1.1.10	1	eNodeB
2	3.4.4.5	255.255.255.255	10.1.1.4	1	PGW GTP-C
3	3.4.4.8	255.255.255.255	10.1.1.4	1	PGW GTP-U
4	3.1.1.10	255.255.255.255	10.1.1.1	1	MME

3. 配置 PGW

（1）本局数据配置

PGW 网元作为交换网络的一个交换节点存在，必须和网络中其他节点配合才能完成网络交换功能，因此需针对交换局的不同情况配置各自的局数据，即 PLMN 数据。配置 PGW 所归属的 PLMN，其目的在于当 PGW 收到用户的激活请求消息并解析出用户 IMSI 号码中的 MCC 和 MNC 后，需要与 PGW 所归属的 PLMN 中的 MCC 和 MNC 进行比较，以便区分用户是本地、拜访还是漫游用户。当 PGW 与周边网元进行交互时，也需要在信令中携带 PGW 归属的 PLMN 信息。

在"配置节点"区选择"PGW"，在"命令导航"区选择"PLMN 配置"，在"参数配置"区输入本局数据，如图 3-39 所示。

（2）网元对接配置

网元对接配置主要是配置 PGW 与 SGW 之间的对接参数。在"命令导航"区选择"与

SGW 对接配置",在"参数配置"区输入 PGW 与 SGW 对接的 S5 和 S8 接口地址,如图 3-40 所示。

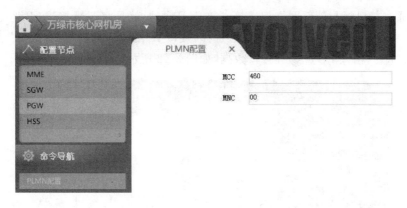

图 3-39　PGW 的本局数据

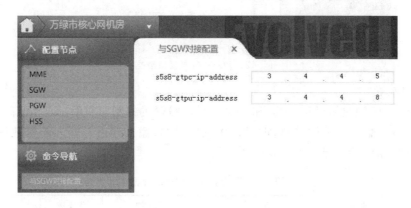

图 3-40　PGW 与 SGW 对接数据

(3) 地址池配置

配置 PGW 本地地址池及 IP 地址段。在分组数据网络中,用户必须获得一个 IP 地址才能接入公用数据网(Public Data Network,PDN),在现网中 PGW 支持多种为用户分配 IP 地址的方法,通常采用 PGW 本地分配方式。当 PGW 使用本地地址池为用户分配 IP 地址时,需要创建本地地址池,并为此种类型的地址池分配对应的地址段。

在"命令导航"区选择"地址池配置",在"参数配置"区输入地址池数据,如图 3-41 所示。

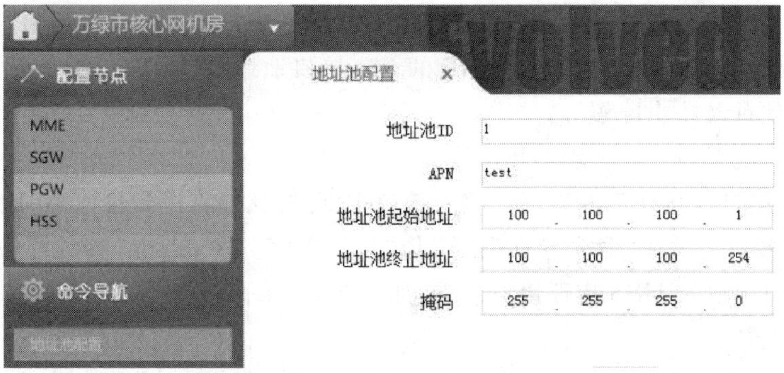

图 3-41　地址池数据

（4）接口地址及路由配置

① 接口 IP 配置

PGW 通过接口板与外部网络相连接。接口 IP 配置就是将逻辑接口 IP 地址对应到实际接口板的物理接口上。在"命令导航"区选择"接口 IP 配置"，点击"参数配置"区中的"＋"号，添加"接口 1"，输入 PGW 物理接口数据，如图 3-42 所示。

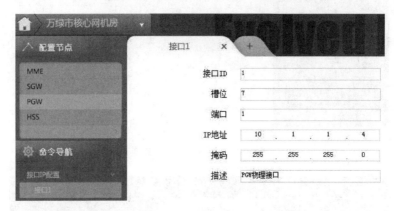

图 3-42　PGW 物理接口数据

② 路由配置

万绿市 PGW 通过协议接口 S5 和 S8 分别与 SGW 的控制面和用户面相连。在"命令导航"区选择"路由配置"，点击"参数配置"区中的"＋"号，添加路由并输入配置数据。万绿市 PGW 各条路由的参数如表 3-5 所示。

表 3-5　万绿市 PGW 路由数据

路由 ID	目的地址	掩　码	下一跳	优先级	描　　述
1	3.3.3.5	255.255.255.255	10.1.1.3	1	SGW GTP-C
2	3.3.3.8	255.255.255.255	10.1.1.3	1	SGW GTP-U

4. 配置 HSS

（1）网元对接配置

网元对接配置主要是配置 HSS 与 MME 之间的对接参数。在"配置节点"区选择"HSS"，在"命令导航"区选择"与 MME 对接配置"，点击"参数配置"区中的"＋"号，添加"与 MME 对接 1"并输入对接数据，如图 3-43 所示。其中，Diameter 偶联本端 IP 是 HSS 的 S6a 接口地址，Diameter 偶联对端 IP 是 MME 的 S6a 接口地址。

（2）接口地址及路由配置

① 接口 IP 配置

HSS 通过接口板与外部网络相连接。接口 IP 配置就是将逻辑接口 IP 地址对应到实际接口板的物理接口上。在"命令导航"区选择"接口 IP 配置"，点击"参数配置"区中的"＋"号，添加"接口 1"，输入 HSS 物理接口数据，如图 3-44 所示。

② 路由配置

万绿市 HSS 通过协议接口 S6a 与 MME 相连。在"命令导航"区选择"路由配置"，点击"参数配置"区中的"＋"号，添加路由并输入配置数据。万绿市 HSS 的路由参数如表 3-6

所示。

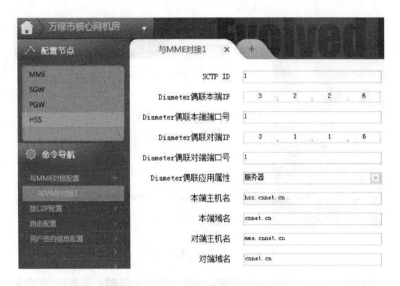

图 3-43　HSS 与 MME 对接数据

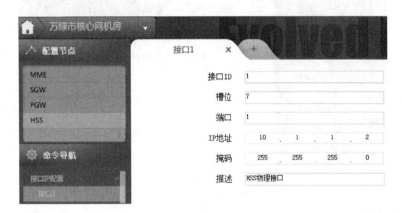

图 3-44　HSS 物理接口数据

表 3-6　万绿市 HSS 的路由数据

路由 ID	目的地址	掩码	下一跳	优先级	描　述
1	3.1.1.6	255.255.255.255	10.1.1.1	1	MME

（3）用户签约信息设置

通过此配置进行用户业务受理和信息维护，主要包括用户签约信息、用户鉴权信息及用户标识。

① 用户签约信息配置

在"命令导航"区选择"用户签约信息配置"，打开下一级命令菜单，选择"签约模板信息"，在"参数配置"区输入签约模板信息，如图 3-45 所示。

② 用户鉴权信息配置

在"命令导航"区选择"用户签约信息配置"，打开下一级命令菜单，选择"鉴权信息"，在"参数配置"区输入鉴权信息，如图 3-46 所示。其中，KI 为 32 位十六进制数，本例中假设为

"1111222233334444AAAABBBBCCCCDDDD"。

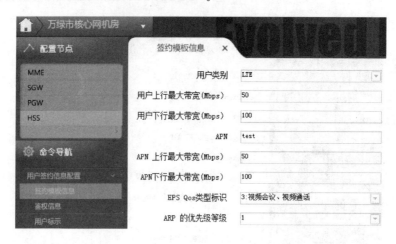

图 3-45　签约模板信息

图 3-46　鉴权信息

③ 用户标识配置

在"命令导航"区选择"用户签约信息配置",打开下一级命令菜单,选择"用户标识",在"参数配置"区输入用户标识信息,如图 3-47 所示。

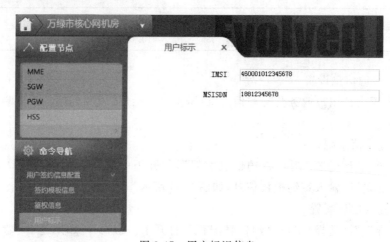

图 3-47　用户标识信息

到这里,万绿市核心网机房数据配置完毕。参考图 3-1,采用同样的方法可完成千湖市核心网机房的数据配置,此处不再重述。千湖市和百山市站点共用千湖市核心网,因此相对于万绿市来讲,千湖市核心网中的 MME 和 SGW 分别需要多配一条去往百山市 eNodeB 的路由。同时,千湖市核心网 MME 还应增加一条去往百山市 eNodeB 的偶联。千湖市核心网的部分参数与万绿市有所区别,如表 3-7 所示,配置中应特别注意。

表 3-7　千湖市核心网部分参数

参数位置	参数名称	参数值
MME—设置全局移动参数	MME 代码	2
MME—与 eNodeB 对接配置—TA1	TAC	2A2B
MME—与 HSS 对接配置—号码分析 1	分析号码	460002
HSS—用户签约信息配置—鉴权信息	KI	2222333344445555AAAABBBBCCCCDDDD
HSS—用户签约信息配置—用户标识	IMSI	460002012345678
HSS—用户签约信息配置—用户标识	MSISDN	18801234567

3.3.3　配置越区切换

越区切换是指移动台从一小区进入另一新小区时,移动网监视移动台信号,在新的小区为其分配一个新的信道,保证通信连续的处理过程。要实现小区间的切换,就必须正确配置小区间的邻接关系。当相邻的两个小区属于同一基站时,这两个小区互为"内部邻区",否则互为"外部邻区"。互为外部邻区的两个小区可以属于同一个核心网,也可以位于不同的核心网中。属于不同核心网的外部邻区间的切换除与邻接关系有关外,还需要正确配置两核心网 MME 之间的地址解析和路由。

增加千湖市和百山市 A 站点后,系统中各小区的邻接关系已经确定,如表 3-8 所示。各小区的内部邻区及万绿、千湖两核心网 MME 之间的地址解析与路由在前面已完成配置,下面以万绿 1 小区为例对外部邻区的配置进行说明,其他小区的配置方法与之相同。万绿 1 小区共有 4 个外部邻区,其中千湖 1 和千湖 3 为 TDD 模式,百山 2 和百山 3 为 FDD 模式。特别需要注意的是,配置的外部邻区参数必须与其在所属站点中的参数相一致。

表 3-8　各小区的邻接关系

当前小区	万绿 1	万绿 2	万绿 3	千湖 1	千湖 2	千湖 3	百山 1	百山 2	百山 3
内部邻区	万绿 2	万绿 1	万绿 1	千湖 2	千湖 1	千湖 1	百山 2	百山 1	百山 1
	万绿 3	万绿 3	万绿 2	千湖 3	千湖 3	千湖 2	百山 3	百山 3	百山 2
外部邻区	千湖 1	千湖 3	百山 3	万绿 1		万绿 1		万绿 1	万绿 1
	千湖 3			百山 2		万绿 2		千湖 1	万绿 3
	百山 2								
	百山 3								

1. 增加外部邻区

(1) TDD 邻接小区配置

进入万绿市 A 站点机房,在"配置节点"区选择"无线参数",在"命令导航"区选择"TDD

邻接小区配置",点击"参数配置"区中的"＋"号,添加"小区1",输入小区参数,如图3-48所示。点击"确定"按钮保存数据。用同样的方法添加"小区2",即千湖2小区。

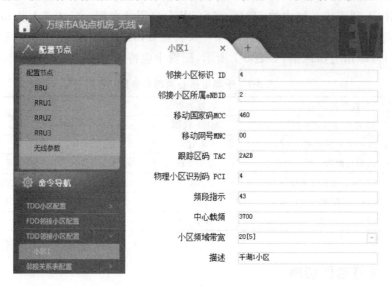

图 3-48　TDD 外部邻接小区数据

（2）FDD 邻接小区配置

在"命令导航"区选择"FDD 邻接小区配置",点击"参数配置"区中的"＋"号,添加"小区1",输入小区参数,如图3-49所示。点击"确定"按钮保存数据。用同样的方法添加"小区2",即百山2小区。

图 3-49　FDD 外部邻接小区数据

2. 修改邻接关系

在"命令导航"区选择"邻接关系表配置",打开下一级菜单,点击"关系1",在"参数配置"区中勾选"FDD 邻接小区"和"TDD 邻接小区",如图3-50所示。点击"确定"按钮保存数据。

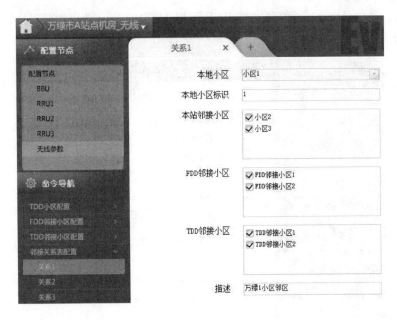

图 3-50　邻接小区关系

3.3.4　配置漫游功能

漫游又称"越局切换",指移动台离开归属服务区(核心网),移动到访问服务区(核心网)后,移动通信系统仍可向其提供服务的功能。漫游只能在网络制式兼容且已经联网的国内城市间或已经签署双边漫游协议的地区或国家之间进行。

配置归属服务区(如万绿市核心网)用户到访问服务区(如千湖市核心网)的漫游包括 3 个步骤:第一是在访问服务区(千湖市核心网)MME 中建立到归属服务区(万绿市核心网)HSS 的连接和路由;第二是在归属服务区(万绿市核心网)HSS 中建立到访问服务区(千湖市核心网)MME 的连接和路由;第三是在访问服务区(千湖市核心网)MME 中建立对归属服务区(万绿市核心网)用户的号码分析。

1. 万绿市用户到千湖市的漫游

(1)增加千湖 MME 到万绿 HSS 的连接和路由

进入千湖市核心网机房,在"配置节点"区选择"MME",在"命令导航"区选择"与 HSS 对接配置",打开下一级命令菜单,选择"增加 Diameter 连接",点击"参数配置"区中的"+"号,添加"Diameter 连接 2",输入 Diameter 连接数据,如图 3-51 所示。其中,Diameter 偶联本端 IP 是千湖 MME 的 S6a 接口地址,Diameter 偶联对端 IP 是万绿 HSS 的 S6a 接口地址。

进入千湖市核心网机房,在"配置节点"区选择"MME",在"命令导航"区选择"路由配置",点击"参数配置"区中的"+"号,添加"路由 6"并输入路由数据,如图 3-52 所示。其中,目的地址是万绿 HSS 的 S6a 接口地址,下一跳是与千湖核心网相连的承载网设备的 IP 地址。

(2)增加万绿 HSS 到千湖 MME 的连接和路由

进入万绿市核心网机房,在"配置节点"区选择"HSS",在"命令导航"区选择"与 MME 对接配置",点击"参数配置"区中的"+"号,添加"与 MME 对接 2"并输入对接数据,如

图 3-53 所示。其中,Diameter 偶联本端 IP 是万绿 HSS 的 S6a 接口地址,Diameter 偶联对端 IP 是千湖 MME 的 S6a 接口地址。

图 3-51　千湖 MME 到万绿 HSS 的对接数据

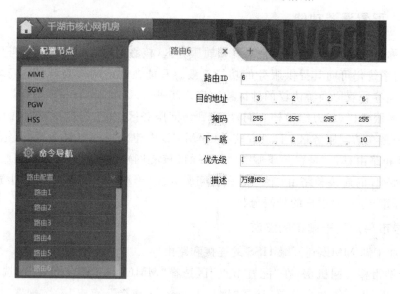

图 3-52　千湖 MME 到万绿 HSS 的路由数据

　　进入万绿市核心网机房,在"配置节点"区选择"HSS",在"命令导航"区选择"路由配置",点击"参数配置"区中的"+"号,添加"路由 2"并输入路由数据,如图 3-54 所示。其中,目的地址是千湖 MME 的 S6a 接口地址,下一跳是与万绿核心网相连的承载网设备的 IP 地址。

　　(3) 增加对万绿市核心网用户的号码分析

　　进入千湖市核心网机房,在"命令导航"区选择"与 HSS 对接配置",打开下一级命令菜单,选择"号码分析配置",点击"参数配置"区中的"+"号,添加"号码分析 2",输入分析号码"460001",如图 3-55 所示。

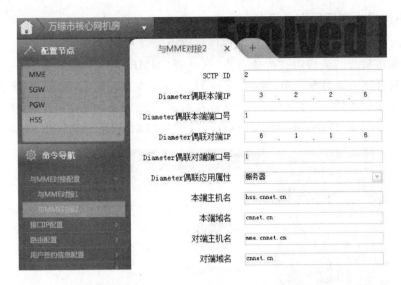

图 3-53 万绿 HSS 到千湖 MME 的对接数据

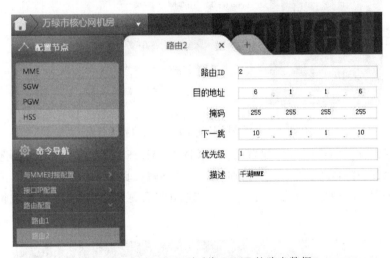

图 3-54 万绿 HSS 到千湖 MME 的路由数据

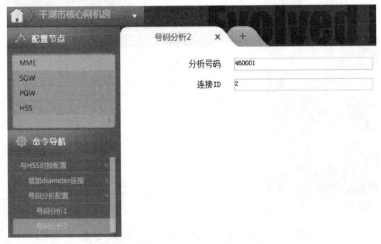

图 3-55 增加对万绿市核心网用户的号码分析

2. 千湖市用户到万绿市的漫游

（1）增加万绿 MME 到千湖 HSS 的连接和路由

进入万绿市核心网机房，在"配置节点"区选择"MME"，在"命令导航"区选择"与 HSS 对接配置"，打开下一级命令菜单，选择"增加 Diameter 连接"，点击"参数配置"区中的"＋"号，添加"Diameter 连接 2"，输入 Diameter 连接数据，如图 3-56 所示。其中，Diameter 偶联本端 IP 是万绿 MME 的 S6a 接口地址，Diameter 偶联对端 IP 是千湖 HSS 的 S6a 接口地址。

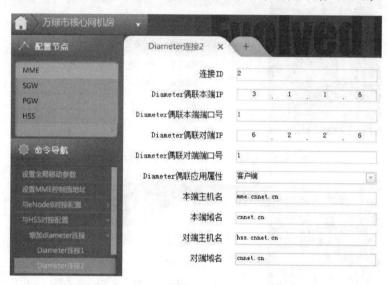

图 3-56　万绿 MME 到千湖 HSS 的对接数据

进入万绿市核心网机房，在"配置节点"区选择"MME"，在"命令导航"区选择"路由配置"，点击"参数配置"区中的"＋"号，添加"路由 5"并输入路由数据，如图 3-57 所示。其中，目的地址是千湖 HSS 的 S6a 接口地址，下一跳是与万绿核心网相连的承载网设备的 IP 地址。

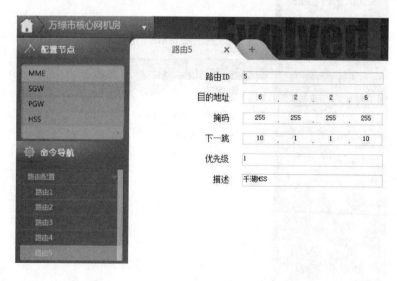

图 3-57　万绿 MME 到千湖 HSS 的路由数据

（2）增加千湖 HSS 到万绿 MME 的连接和路由

进入千湖市核心网机房，在"配置节点"区选择"HSS"，在"命令导航"区选择"与 MME 对接配置"，点击"参数配置"区中的"＋"号，添加"与 MME 对接 2"并输入对接数据，如图 3-58 所示。其中，Diameter 偶联本端 IP 是千湖 HSS 的 S6a 接口地址，Diameter 偶联对端 IP 是万绿 MME 的 S6a 接口地址。

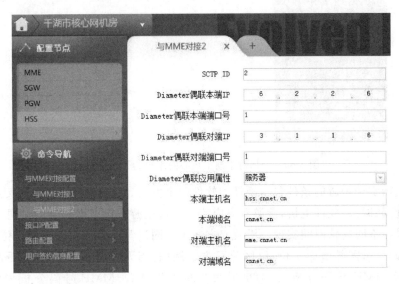

图 3-58　千湖 HSS 到万绿 MME 的对接数据

进入千湖市核心网机房，在"配置节点"区选择"HSS"，在"命令导航"区选择"路由配置"，点击"参数配置"区中的"＋"号，添加"路由 2"并输入路由数据，如图 3-59 所示。其中，目的地址是万绿 MME 的 S6a 接口地址，下一跳是与千湖核心网相连的承载网设备的 IP 地址。

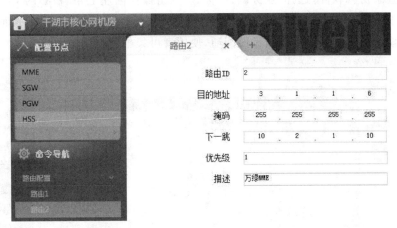

图 3-59　千湖 HSS 到万绿 MME 的路由数据

（3）增加对千湖市核心网用户的号码分析

进入万绿市核心网机房，在"命令导航"区选择"与 HSS 对接配置"，打开下一级命令菜单，选择"号码分析配置"，点击"参数配置"区中的"＋"号，添加"号码分析 2"，输入分析号码"460002"，如图 3-60 所示。

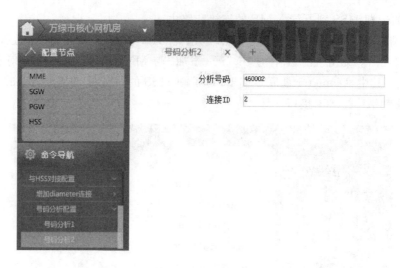

图 3-60　增加对千湖市核心网用户的号码分析

需要注意,实现漫游的条件包括硬件和软件两个方面。从硬件上讲,漫游双方的设备制式要兼容且已联网;从软件上讲,漫游双方应签署双边漫游协议。漫游可以在同一运营商内实现,也可以在不同运营商间实现。漫游双方属于不同运营商时号码分析为 5 位,属于同一运营商时号码分析需要增加 1 位,以区分双方。例如:当万绿 MNC 为"00",千湖 MNC 为"01"时,万绿 MME 号码分析为"46000"和"46001",千湖 MME 号码分析为"46001"和"46000";当万绿和千湖 MNC 都为"00"时,万绿 MME 号码分析为"460001"和"460002",千湖 MME 号码分析为"460002"和"460001"。本例中万绿和千湖核心网为同一运营商。

3.3.5　测试无线及核心网

启动并登录仿真软件,选择"业务调试"标签,点击操作区左上角"核心网 & 无线"标签,从操作区右上角下拉菜单中选择"实验模式"菜单项,进入无线及核心网测试界面,如图 3-61 所示。实验模式下系统假设承载网已经配通,使用者可集中精力调试无线及核心网。

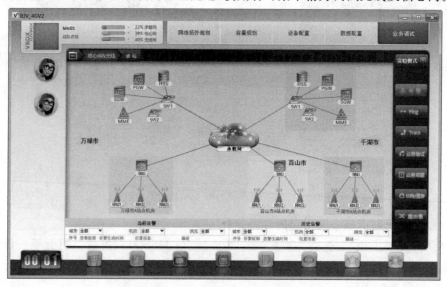

图 3-61　无线及核心网测试界面

1. 故障告警观察

点击测试界面右侧的"告警"按钮,并将左下方"当前告警"窗体放大,即可观察当前系统存在的故障,如图 3-62 所示。

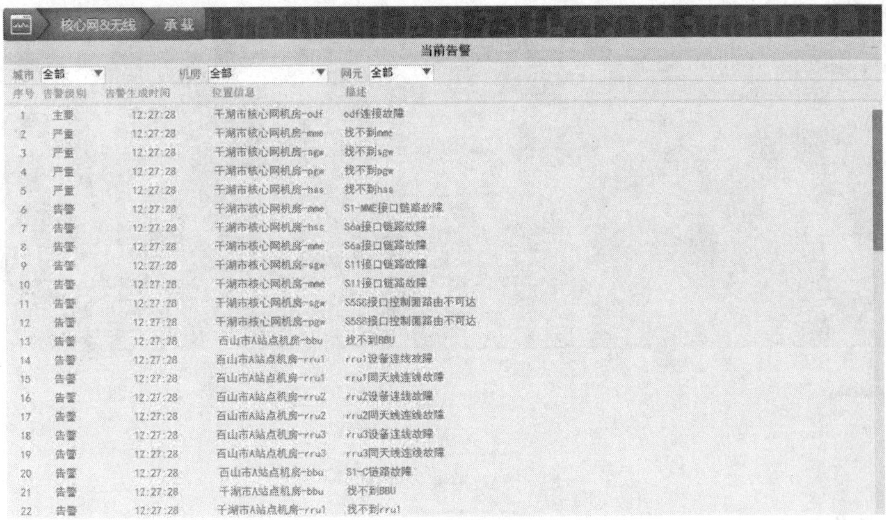

图 3-62　故障告警观察

2. 实验模式下的业务验证

点击测试界面右侧的"业务验证"按钮,显示业务验证界面,如图 3-63 所示。设置移动终端参数,点击终端屏幕中的视频或下载按钮,观察视频播放或数据下载的情况。

图 3-63　实验模式下的业务验证

3. 越区切换测试

点击测试界面右侧的"切换/漫游"按钮,显示漫游测试界面,如图 3-64 所示。顺序点击小区 W1—W2—W3—W1—W3—W2—W1,点击"确定"按钮,观察小区间的切换情况。

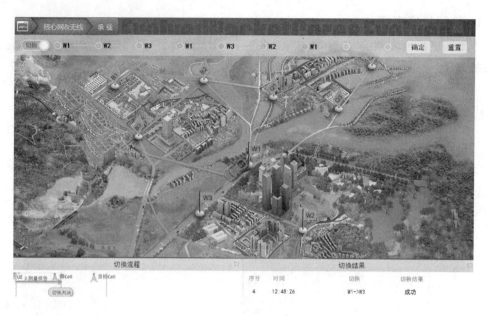

图 3-64　越区切换测试

4. 漫游测试

　　点击测试界面右侧的"切换/漫游"按钮,点击操作区左上角的"切换/漫游"转换开关,显示漫游测试界面,如图 3-65 所示。使用下拉列表选择归属核心网小区和访问核心网小区,点击"确定"按钮,观察漫游情况。

图 3-65　漫游测试

3.4   验 收 评 价

3.4.1   任务实施评价

"配置无线及核心网数据"任务评价如表 3-9 所示。

表 3-9   "配置无线及核心网数据"任务评价

任务 3   配置无线及核心网数据

班级		小组		
评价要点	评价内容	分值	得分	备注
基础知识 (40 分)	明确工作任务和目标	5		
	LTE 的接口与协议	5		
	国际移动用户标识	5		
	移动用户综合业务数字网络标识	5		
	国际移动终端设备标识	5		
	接入点名称	5		
	跟踪区标识	5		
	跟踪区列表	5		
任务实施 (50 分)	配置无线接入网数据	25		
	配置核心网数据	25		
操作规范 (10 分)	按规范操作,防止损坏仪器仪表	5		
	保持环境卫生,注意用电安全	5		
合计		100		

3.4.2   思考与练习题

1. 简述 LTE 核心网的主要接口名称、位置及功能。

2. 简述国际移动用户标识的功能和结构。

3. 移动用户综合业务数字网络标识由哪三部分组成?各部分有什么作用?

4. 简述 APN 的作用、结构及存储位置。

5. 什么是跟踪区标识?什么是跟踪区列表?

6. 什么是越区切换?什么是漫游?

7. 简述 MME 数据配置的步骤和内容。

8. 简述 SGW 数据配置的步骤和内容。

9. 简述 PGW 数据配置的步骤和内容。

10. 简述 HSS 数据配置的步骤和内容。

任务 4　规划承载网

【学习目标】

◇ 了解数据通信网的结构。

◇ 掌握 TCP/IP 协议。

◇ 熟悉 LTE 承载网的规划步骤和内容。

4.1　任务描述

规划是组建通信网络的第一步,也是关键的一步。4G 移动通信系统由无线接入网、核心网和承载网组成,其中承载网的规划包括了 IP 承载拓扑规划、IP 承载网容量计算和光传送网(Optical Transport Network,OTN)规划。本次任务使用仿真软件设计 4G 承载网拓扑结构、规划承载网容量,为后续内容打下基础。设计与规划针对万绿、千湖和百山 3 座城市进行。其中,万绿市位于平原,是移动用户数量在 1 000 万以上的大型人口密集城市;千湖市四周为湖泊,是移动用户数量在 500 万~1 000 万的中型城区城市;百山市位于山区,是移动用户数量在 500 万以下的小型城郊城市。

本次 4G 承载网规划共涉及了 12 个机房,分为接入、汇聚、核心三层及省骨干网。接入层有 5 个机房,即万绿市 A 站点机房、万绿市 B 站点机房、万绿市 C 站点机房、千湖市 A 站点机房、百山市 A 站点机房;汇聚层有 6 个机房,即万绿市承载 1 区汇聚机房、万绿市承载 2 区汇聚机房、万绿市承载 3 区汇聚机房、千湖市承载 1 区汇聚机房、千湖市承载 2 区汇聚机房和百山市承载 1 区汇聚机房;核心层有 3 个机房,即万绿市承载中心机房、千湖市承载中心机房、百山市承载中心机房。其中,万绿市和千湖市承载中心机房分别与万绿市和千湖市 4G 核心网相连,且均与省骨干网承载机房连接。百山市承载中心机房则通过千湖市承载中心机房连接千湖市 4G 核心网和省骨干网。

4.2　知识准备

4.2.1　网络概述

1. 数据通信网的拓扑结构

数据通信网按服务范围可分为局域网(Local Area Network,LAN)、城域网(Metropolitan Area Network,MAN)和广域网(Wide Area Network,WAN)。局域网通常限定在一个较小的区域之内,一般局限于一幢大楼或建筑群,一个企业或一所学校,局域网的直径通常不超过数千米;城域网的地理范围比局域网大,可跨越几个街区,甚至整个城市,有时又称都市网;广域网的服务范围通常为几十到几千千米,有时也称为远程网。数据通信网的常见拓扑结构包括星形、环形、树形、网状、复合型。

(1) 星形拓扑

星形拓扑结构是一种以中央节点为中心,把若干外围节点连接起来的辐射式互联结构,如图 4-1 所示。外围节点彼此之间无连接,相互通信需要经过中心节点的转发,中心节点执行集中的通信控制策略。星形拓扑在局域网、城域网中被广泛采用。

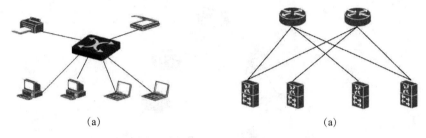

| (a) | (a) |

图 4-1　星形拓扑结构

星形拓扑结构的优点包括:安装容易,结构简单,费用低;控制简单,任何一个站点只和中央节点相连接,因而介质访问控制简单,易于网络监控和管理;故障诊断和隔离容易,中央节点对连接线路可以逐一隔离进行故障检查和定位,单个连接点的故障只影响一个设备,不会影响全网。

星形拓扑结构的缺点是中央节点负担重,成为瓶颈,一旦发生故障,全网皆受影响。为解决这一问题,有的网络采用双星形拓扑,如图 4-1(b)所示,网络中设置两个中心节点。

(2) 环形拓扑

环形拓扑结构是将网络节点连接成闭合结构,如图 4-2 所示。信号顺着一个方向从一台设备传到另一台设备,信息在每台设备上的延时是固定的。当环中某个设备或链路出现故障时,信号可以顺着另一个方向传送。为了提高通信效率和可靠性,常采用双环结构,即在原有的单环上再加一个环,一个作为数据传输通道,另一个作为保护通道,互为备份。环形拓扑被广泛应用于城域网中的同步数字体系(Synchronous Digital Hierarchy,SDH)、密集型光波复用(Dense Wavelength Division Multiplexing,DWDM)、分组传送网(Packet Transport Network,PTN)组网,有的宽带接入网中交换机也会组成环形。

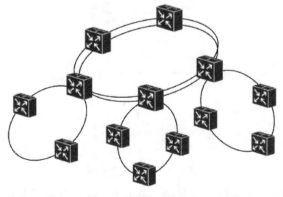

图 4-2　环形拓扑结构

环形拓扑结构的优点包括：信号沿环单向传输，时延固定，适用于实时性要求高的业务，比如网络电视；所需光缆较少，适于长距离传输；可靠性高，当采用双环结构时能有效地保障业务不间断传输；各节点负载比较平均。

环形拓扑结构的缺点是在环上增加节点会对运行的业务带来延时或中断，因而灵活性不够高。

（3）树形拓扑

树形拓扑结构可以看成星形结构的扩展，是一种多层次的星形结构，如图 4-3 所示。节点按层次连接，信息交换主要在上下节点之间进行，相邻节点或同层节点之间一般不进行直接数据交换。树形拓扑结构常用于多层的大型局域网中。

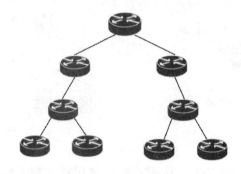

图 4-3　树形拓扑结构

树形拓扑结构的优点包括：层次清晰，易于扩展，新增节点只需接入新的分支；适用于逐层汇集信息的应用要求；易于故障隔离。

树形拓扑结构的缺点包括：不同层节点不能直接通信，需要经过上一层的节点来转接，资源共享能力稍低；树形上面一个节点的故障往往会影响其下属节点的通信，可靠性方面存在较大风险。有的树形网络为了提高可靠性，会将关键节点作冗余备份设计。

（4）网状拓扑

网状网络通常利用冗余的设备和线路来提高网络的可靠性，节点设备可以根据当前网络信息流量有选择地将数据发往不同的线路，如图 4-4 所示。网状拓扑的极端是全网状结构，即任何两个节点间都直接连接，这种结构以冗余链路确保了网络的安全。但这种结构成本非常高，因此常用的网状结构是非全网状的。由于网络结构复杂，必须采用适当的寻路算法和流量控制方法来管理数据包的走向。网状结构主要应用于大型网络的核心骨干连接。

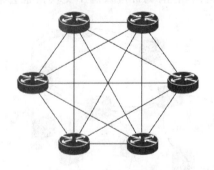

图 4-4　网状拓扑结构

网状拓扑结构的优点是可靠性非常高。缺点包括：大量的冗余链路和设备造成网络建设成本很高;网络复杂度很高,维护难度较大。

（5）复合型拓扑

复合型拓扑结构就是同时使用两种或两种以上的拓扑结构,因地制宜、取长补短,从而获得较高的性价比,如图 4-5 所示。

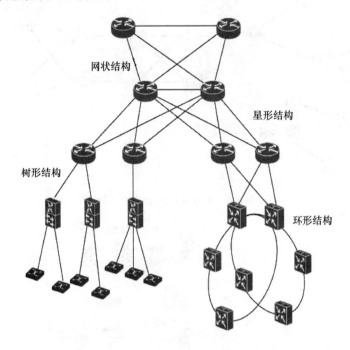

图 4-5　复合型拓扑结构

在大型网络中采用复合型拓扑是普遍的做法。一般情况下,对于网络的物理拓扑结构,在接入层面上往往采用星形或树形结构,以满足网络末端用户动态变化频繁、网络调整频繁等要求。但如果在接入层面上网络变化很小,对网络保护要求较高或者需要部署网络电视之类的实时业务,可以考虑环形拓扑。而在核心网络,特别是运营商的核心网络,往往采用环形、网状、双星形等结构,用冗余的节点和设备来提升网络的安全性、可用性。

2. 数据通信网的分层结构

数据通信网根据功能可分为 3 层,即接入层、汇聚层、核心层,如图 4-6 所示。接入层负责用户信号的处理,汇聚层完成信息的汇总复用,核心层实现传输与交换。典型的 LTE 承载网如图 4-7 所示。

4.2.2　TCP/IP 协议

1. TCP/IP 协议栈

传输控制协议（Transmission Control Protocol,TCP）/网际协议（Internet Protocol,IP）是互联网最基本的协议,是网络之间连接与通信的基础。TCP/IP 协议定义了电子设备如何连入互联网,以及数据如何在它们之间传输的标准。

为了保证不同计算机网络之间的互联互通,国际标准化组织（ISO）提出了开放系统互连（Open System Interconnect,OSI）模型。它由物理层、数据链路层、网络层、传输层、会话层、

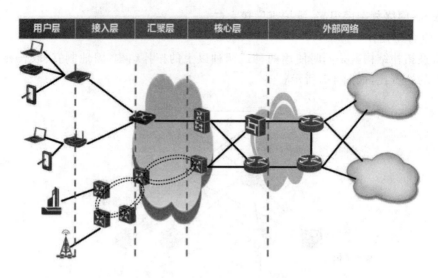

图 4-6　数据通信网的分层结构

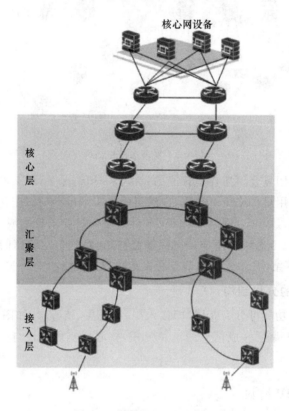

图 4-7　典型的 LTE 承载网

表示层和应用层组成。但由于 OSI 结构较为复杂,且提出时 TCP/IP 已广泛应用于网络互联之中,因此 TCP/IP 成了互联网的实际标准。

　　从协议层次结构来讲,TCP/IP 并不完全符合 OSI 模型,它由网络接口层、网络层、传输层和应用层组成,如图 4-8 所示。每一层协议都利用下一层协议所提供的功能来完成自己的需求。通俗而言,TCP 负责发现传输的问题,一有问题就发出信号,要求重新传输,直到所有数据安全正确地传输到目的地。而 IP 给互联网中的每一台计算机规定一个地址。

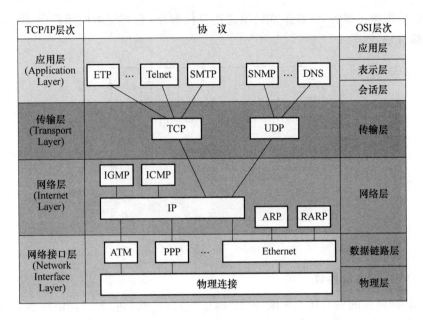

图 4-8　TCP/IP 协议栈

2. 数据封装与解封装

数据封装是指将原始数据单元添加协议头和尾后形成数据包的过程。解封装是封装的反向操作,也就是把封装的数据包还原成原始数据。在发送端,原始数据单元从高层向低层传输,各层不断加入协议头,协议头中包含了收发两端对等层之间的通信信息。在接收端,已封装的数据从低层向高层传输,各层不断去掉协议头,最终还原为原始数据。数据封装与解封装的过程如图 4-9 所示。

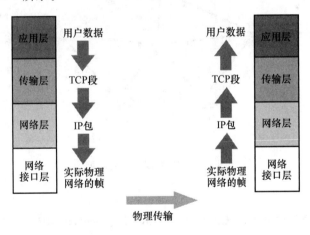

图 4-9　数据的封装与解封装

3. TCP/IP 传输层协议

TCP/IP 的传输层包含 2 个协议,即传输控制协议和用户数据报协议(User Datagram Protocol,UDP)。它有两个功能:一是分割(发送时)与重组(接收时)上层应用程序产生的数据,分割后的数据附加上传输层的控制信息,这些附加的控制信息由于加在应用层数据的前面,因此叫作头部信息;二是为通信双方建立端到端的连接。传输层协议为了知道自己在为哪个上层的应用程序服务,将数据准确地送达目标程序,有必要对应用程序进行标识,这个标识就是端口号,如图 4-10 所示。

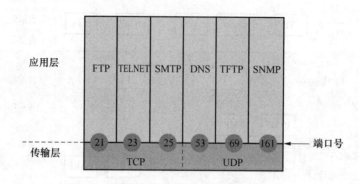

图 4-10 应用程序端口

4. TCP/IP 网络层协议

TCP/IP 网络层的主要功能是编址(IP 地址)、路由、数据打包。网络层包含 5 个协议,其中 IP 是核心协议。

(1) IP 协议

网际协议的功能是赋予主机 IP 地址,以便完成对主机的寻址,如图 4-11 所示。它与各种路由协议协同工作,寻找目的网络的可达路径;同时还能对数据包进行分片和重组。IP 协议不关心数据报文的内容,提供无连接的、不可靠的服务。

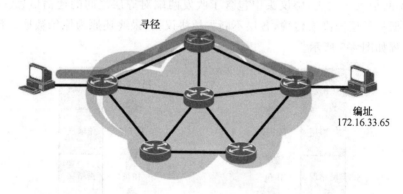

图 4-11 IP 协议的主要功能

(2) ICMP

网际控制消息协议(Internet Control Message Protocol,ICMP)为 IP 通信提供诊断和错误报告。ICMP 是一个在 IP 主机、路由器之间产生并传递控制消息的协议,这些控制消息包括各种网络差错或异常的报告,比如主机是否可达、网络连通性、路由可用性等。设备发现网络问题后,产生的 ICMP 消息会被反馈给数据最初发送者,以便他了解网络状况。ICMP 并不直接传送数据,也不能纠正网络错误,但作为一个辅助协议它的存在仍很有必要。因为 IP 自身没有差错控制机制,ICMP 能帮助我们判断出网络错误所在,快速解决问题。与 IC-MP 相关的常用命令有两条,即"ping"和"tracert"。ping 命令用于检查源主机和目标主机的连通情况,如图 4-12 所示。

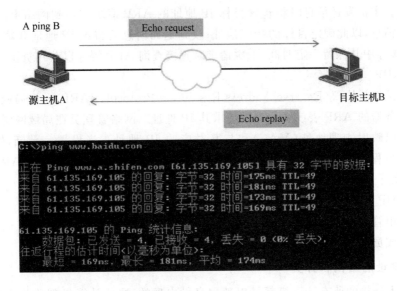

图 4-12　ping 命令

tracert 命令主要用来做路径跟踪,通过它可以知道源主机到目标主机经过了多少跳,都是哪些设备,如图 4-13 所示。如果中间网络有故障,tracert 命令只会列出到达这个故障点之前所经过的设备,从而直观地帮助我们定位出故障点的位置。

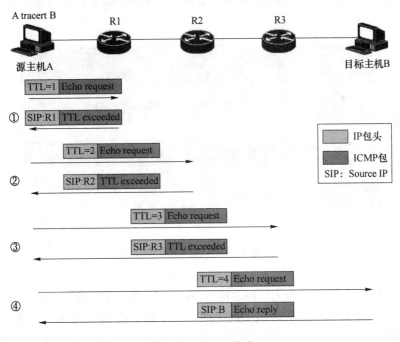

图 4-13　tracert 命令

（3）ARP

媒体访问控制（Media Access Control,MAC）地址可用来定义网络设备的位置,又称为物理地址、硬件地址。在 OSI 模型中,网络层负责 IP 地址,数据链路层则负责 MAC 地址。一台主机会有一个 MAC 地址,而每个网络位置会有一个专属于它的 IP 地址。

地址解析协议（Address Resolution Protocol,ARP）的作用是通过已知的 IP 地址去获取物理地址。主机发送信息时将包含目标 IP 地址的 ARP 请求广播到网络上的所有主机，并接收返回消息，以此确定目标的物理地址；收到返回消息后将该 IP 地址和物理地址存入本机 ARP 缓存中并保留一定时间，下次请求时直接查询 ARP 缓存以节约资源。

（4）RARP

反向地址解析协议（Reverse Address Resolution Protocol，RARP）允许局域网的物理机器从网关服务器的 ARP 表或者缓存中请求其 IP 地址。网络管理员在局域网网关路由器里创建一个表以映射物理地址（MAC）和与其对应的 IP 地址。当设置一台新的机器时，其 RARP 客户机程序需要向路由器上的 RARP 服务器请求相应的 IP 地址。RARP 可以使用于以太网、光纤分布式数据接口及令牌环 LAN。

（5）IGMP

互联网组管理协议（Internet Group Management Protocol，IGMP）用于主机与本地路由器之间组播成员信息的交互。

5. IP 地址的结构和分类

互联网上连接的所有计算机都是以独立身份出现的，这些计算机都称为主机。为了实现各主机间的通信，每台主机必须有一个唯一的网络地址，即 IP 地址。

（1）IP 地址的结构

IP 地址是一个 32 位（4 字节）的二进制数字，被分为 4 段，每段 8 位，段与段之间用句点分隔。为了便于表达和识别，IP 地址常用十进制形式表示，如图 4-14 所示。每段所能表示的十进制数为 0~255。

十进制IP地址	二进制IP地址			
172.16.36.1	10101100.00010000.00100100.00000001			

每段位数	8	7	6	5	4	3	2	1
二进制	1	1	1	1	1	1	1	1
十进制	128	64	32	16	8	4	2	1

图 4-14 IP 地址的结构

（2）IP 地址的分类

IP 地址由网络号（Network ID）和主机号（Host ID）两个域组成。网络号用于标识互联网上的一个子网，而主机号用于标识子网中的某台主机。IP 地址分解成两个域后，带来了一个重要的优点：IP 数据包从一个网络到达另一个网络时，选择路径可以基于网络而不是主机。在大型的网际中，这一点优势特别明显，因为路由表中只存储网络信息而不是主机信息，可以大大简化路由表。根据网络号和主机号的数量可将 IP 地址分为 A、B、C、D 4 类，如图 4-15 所示。

① A 类地址：可以拥有很大数量的主机，最高位为 0，紧跟的 7 位表示网络号，其余 24 位表示主机号，共有 126 个网络。

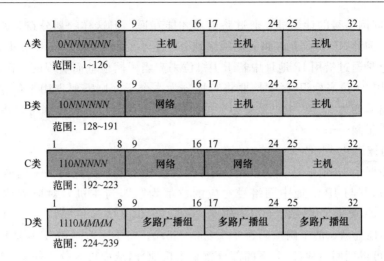

图 4-15 IP 地址的分类

② B 类地址:被分配到中等规模和大规模的网络中,最高两位总被置为二进制的 10,紧跟的 14 位表示网络号,最后 2 字节为主机号,共有 16 384 个网络。

③ C 类地址:用于局域网,高 3 位被置为二进制的 110,紧跟的 21 位表示网络号,最后 1 字节为主机号,共有大约 200 万个网络。

④ D 类地址:用于多路广播组用户,高 4 位总被置为 1110,余下的位用于标明客户机所属的多路广播组。

(3)特殊的 IP 地址

IP 地址中有一些具有特殊用途,如表 4-1 所示。

表 4-1 特殊的 IP 地址

特殊 IP 地址	特殊用途
主机位全为 0	主机位全为 0 的地址是网络地址,一般用于路由表中的路由
主机位全为 1	某个网络的广播地址,可向指定的网络广播
127.0.0.0～127.255.255.255	127 开头的整段地址都是保留地址,其中 127.0.0.1 可以用来做测试,作为设备的环回地址,意思是主机自己。在主机上 ping 127.0.0.1,可以判断 TCP/IP 协议栈是否完好和网卡是否正常工作,能收到主机自己的响应表示正常
0.0.0.0	用于默认路由
255.255.255.255	本地广播,可向本网段内广播

(4)私网 IP 地址

由于目前常用的 A、B、C 类地址个数有限,所以一般情况下,局域网都会申请一个公网地址,然后将这个公网地址中的一部分主机地址划分成不同的子网,子网中的 IP 地址也就是私网地址。私网地址不能够直接访问外网,必须通过地址转换协议转换成公网地址,才能够访问外网。A 类私网地址为 10.0.0.0～10.255.255.255,B 类私网地址为 172.16.0.0～172.31.255.255,C 类私网地址为 192.168.0.0～192.168.255.255。

6. 子网和子网掩码

(1)子网的概念

IP 地址通过网络号和主机号来标识网络上的主机,只有在一个网络号下的计算机才能直接通信,不同网络号的计算机要通过路由器才能互通。但这样的划分在某些情况下显得十分不灵活。为此,IP 协议允许将大的网络划分成更小的网络,称为子网(Subnet)。

子网划分是通过借用 IP 地址中若干主机位来充当子网地址而实现的。例如,对于一个 C 类地址,它用 21 位来标识网络号,要将其划分为 2 个子网则需要占用 1 位原有主机标识位。此时网络号变为 22 位,主机号变为 7 位。同理,借用 2 位主机位则可以将一个 C 类网络划分为 4 个子网……

（2）子网掩码

为了判断两个 IP 地址是否属于同一子网,就需要借助子网掩码。子网掩码是一个 32 位的二进制数,其与 IP 地址中网络号对应的位都为"1",与主机号对应的位都为"0",如图 4-16 所示。A 类地址默认的子网掩码为 255.0.0.0,B 类地址默认的子网掩码为 255.255.0.0,C 类地址默认的子网掩码为 255.255.255.0。将子网掩码和 IP 地址按位进行逻辑"与"运算,就可得到网络地址,剩下的部分就是主机地址,从而可区分出任意 IP 地址中的网络号和主机号。子网掩码常用点分十进制表示,也可以用网络前缀法表示,即"/＜网络地址位数＞"。例如,138.96.0.0/16 表示 B 类网络 138.96.0.0 的子网掩码为 255.255.0.0。

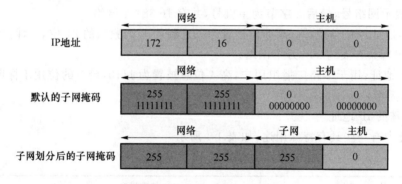

图 4-16　子网掩码的格式

（3）子网数量与规模

划分子网时,随着子网地址借用主机位数的增多,子网的数目随之增加,而每个子网中的主机数逐渐减少。以 C 类网为例,原有 8 个主机位,即 $2^8 = 256$ 个主机地址,默认子网掩码为 255.255.255.0。借用 1 位主机位,产生 2 个子网,每个子网有 126 个主机地址;借用 2 位主机位,产生 4 个子网,每个子网有 62 个主机地址……每个子网中,第一个 IP 地址(即主机位全部为 0 的 IP)和最后一个 IP 地址(即主机位全部为 1 的 IP)不能分配给主机使用,所以每个子网的可用 IP 地址数为总 IP 地址数减 2。根据子网号借用的主机位数,可以计算出划分的子网数、掩码和每个子网中的主机数,如表 4-2 所示。

表 4-2　C 类网子网的划分

划分 子网数	子网 位数	子网掩码（二进制）	子网掩码（十进制）	每个子网 内主机数
1～2	1	11111111.11111111.11111111.10000000	255.255.255.128	126
3～4	2	11111111.11111111.11111111.11000000	255.255.255.192	62
5～8	3	11111111.11111111.11111111.11100000	255.255.255.224	30
9～16	4	11111111.11111111.11111111.11110000	255.255.255.240	14

续 表

划分 子网数	子网 位数	子网掩码（二进制）	子网掩码（十进制）	每个子网 内主机数
17～32	5	11111111.11111111.11111111.11111000	255.255.255.248	6
33～64	6	11111111.11111111.11111111.11111100	255.255.255.252	2

表 4-2 所示 C 类网络中，若子网占用 7 个主机位，主机号只剩一位，无论设为 0 还是 1，都意味着主机位是全 0 或全 1。由于主机位全 0 表示本网络，全 1 留作广播地址，这时子网实际没有可用的主机地址，所以主机位至少应保留 2 位。

（4）网络地址的计算

计算网络地址可采用二进制的方法，如图 4-17 所示。具体步骤如下：

① 将 IP 地址转换成二进制；

② 将子网掩码转换成二进制，并与 IP 地址对齐；

③ 在子网掩码"1"和"0"的中间画出分隔线，将 IP 地址的网络位和主机位分开；

④ IP 地址主机位全部置 0，得出网络地址；

⑤ IP 地址主机位全部置 1，得出广播地址；

⑥ 网络地址加 1，即是首个有效地址；

⑦ 广播地址减 1，即是末位有效地址，从首个有效地址到末位有效地址的这个范围内，都是可分配的 IP 地址；

⑧ 将网络地址、广播地址、首个有效地址、末位有效地址转换成十进制数。

172	16	2	160

172.16.2.160	10101100	00010000	00000010	10100000	IP地址 ❶
255.255.255.192	11111111	11111111	11111111	11000000	子网掩码 ❷
172.16.2.128	10101100	00010000	00000010	10000000	网络地址 ❹
172.16.2.191	10101100	00010000	00000010	10111111	广播地址 ❺
172.16.2.129	10101100	00010000	00000010	10000001	首个有效地址 ❻
172.16.2.190	10101100	00010000	00000010	10111110	末位有效地址 ❼

图 4-17　计算网络地址

二进制的这种计算方法，在计算机中很容易实现，但对于人来说，则显得过于繁琐，需要花时间去进行转换。下面通过实例介绍一种快速计算网络地址的方法，如图 4-18 所示。

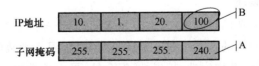

图 4-18　网络地址的快速计算方法

子网掩码的"255"是 8 个"1"，在计算网络地址时与 IP 地址相"与"，获得的结果就是对应位的 IP 地址不变。在本例中，网络地址是 10.1.20.N，这个"N"就是需要计算的数值。

步骤一：得出 X。$X=256-A$，A 是子网掩码中除了"255"和"0"之外需要计算的那一位十进制数。本例中，$A=240$，$X=16$。"240"的二进制是 11110000，4 个主机位意味着每个子网包含 $2^4=16$ 个 IP 地址，这与 $256-240=16$ 结果相同。这一步其实就是计算每个子网包含的 IP 地址数量。

步骤二：得出 N。B 是 IP 地址中与 A 对应的十进制数。$N\leqslant B$，N 是 X 的整数倍，$B-N<X$，满足以上 3 个条件求出 N 的值。得到 16 之后，不难发现，255.255.255.240 对应的每个网络地址，都应该在 16 的整数倍上，如 0，16，32，…。IP 地址中的"100"，必然落入其中一个子网内。由于网络地址是子网中最小的一个 IP 地址，找出小于等于 100 且与 100 差值最小的一个 16 整数倍的值，这个值就是 N。本例中，$N=96$，所以网络地址是 10.1.20.96。

（5）IP 地址的规划

实际网络规划与建设中会涉及 3 种 IP 地址，即管理地址、互联地址和业务地址。管理地址通常使用"/32"的 loopback 地址，互联地址为"/30"的子网，业务地址则根据实际 IP 需求量决定。下面通过一个 IP 地址规划实例进行说明。

某公司在 A 省的分公司，包括 6 个部门，每个部门 10～20 人不等，要求每个部门一个子网，能互相通信。总公司分配了一个网段 10.33.62.0/24，要求在此基础上为分公司做地址规划。具体 IP 地址规划如图 4-19 所示。

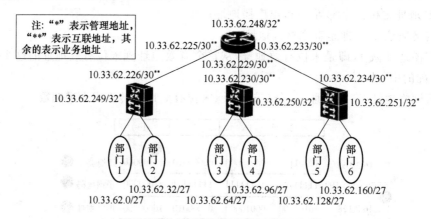

图 4-19 IP 地址规划实例

① 10.33.62.0/24 中最后几个地址，即 10.33.62.248/29 这个子网用来做网管。

② 10.33.62.224/30 开始，每 4 个地址一个子网，用于网络设备互联。

③ 10.33.62.0/27 开始，连续 6 个"/27"的子网分配各部门。

4.2.3 承载网拓扑与容量规划

1. IP 承载网规划概述

网络的组建是一项复杂的系统工程，涉及技术问题、管理问题等，必须遵守一定的系统分析和设计方法。组建网络的首要工作就是要进行规划，深入细致的规划是成功构建网络的基础。缺乏规划的网络，其稳定性、扩展性、安全性、可管理性没有保证，会带来大量后期使用和维护方面的问题。通过科学合理的规划能够用最低的成本建立最佳的网络，达到最高的性能，提供最优的服务。

（1）网络规划的目标

① 构建的网络满足哪些应用？比如校园网，要实现校园内办公楼、实验室、宿舍楼互

联,还要访问因特网并保证信息安全。对于 LTE 承载网,要完成 eNodeB 与 MME/SGW 之间、eNodeB 与 eNodeB 之间的数据传输。

② 网络规模有多大,即网络覆盖的地理范围有多大和用户数量有多少? 一个高校园区涉及几十栋楼宇和数千个用户。一个省级 LTE 承载网,可为几个城市几十万用户提供服务。

③ 采用哪些网络技术和标准? 这些技术与标准应能实现整个网络中各项应用。LTE承载网中常用的技术有虚拟局域网(Virtual Local Area Network,VLAN)、IPv4 路由、多协议标签交换(Multi-Protocol Label Switching,MPLS)、服务质量等。

④ 计划投入的成本是多少? 这往往是制约网络规划与设计的关键因素。

(2) 网络规划的基本原则

① 可靠性原则

从网络拓扑和设备本身两方面考虑,设计容错和冗余机制。当部分设备、单板、链路出现故障时,网络仍然能够正常运作。

② 可扩展性原则

网络规划既要满足当前的用户规模,也要考虑未来不断增长的业务需求。对于 LTE 承载网,可以预见 4G 用户数量和上网流量将会线性增长,在容量计算和设备选型时要考虑这些因素,预留扩展空间。

③ 先进性原则

建设一个现代化的网络系统,应尽可能采用先进而成熟的技术,符合网络未来发展的潮流,并在一段时间内保证其主流地位。比如 LTE 承载网中采用的 IPv4 路由协议、MPLS、QoS、100G 以太网、OTN 等。但过新的技术可能存在不成熟、标准不统一、价格高、技术力量跟不上的问题,注意避免采用这样的技术,或建立试点进行测试验证。

④ 易用性原则

整个网络系统必须具备良好的操作、管理和维护性能。网络系统应具有良好的可管理性和较高的资源利用率。此外,在满足现有网络应用的同时,还应为以后的应用升级奠定基础。

⑤ 安全性原则

在一些行业中,数据的保密性和安全性是至关重要的,比如军工、政府、交通、医疗、电子商务等,可以考虑采用物理隔离的网络和专业的加密设备、防火墙来实现。对于 LTE 承载网,用户的业务数据在传送的过程中也要注意隔离和保护,一般考虑采用 MPLS 来实现。

2. IP 承载网规划流程

IP 承载网规划流程包括了需求分析、拓扑规划、容量计算等内容,如图 4-20 所示。

(1) 需求分析

掌握建网的目的和基本目标,评估现有网络,结合原有的网络资源来进行规划(完全新建的网络除外)。

(2) 拓扑规划

根据建网需求合理规划网络拓扑结构。

(3) 容量计算

以用户数量、每用户占用带宽、预留带宽等因素为基准,计算网络中设备和链路的容量。

(4) 设备硬件规划

以容量计算的结果对设备和线缆进行选择。

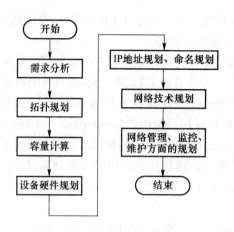

图 4-20　IP 承载网规划流程

（5）IP 地址规划、命名规划

规划整个网络所有设备的 IP 地址分配，同时规范设备、接口、线缆的命名规则。

（6）网络技术规划

对将要使用的网络技术进行规划，如采取 VLAN 划分原则、路由使用原则、VPN 配置方案、QoS 方案等。

（7）网络管理、监控、维护方面的规划

规划全网设备的管理和监控，提高网络开通与维护的效率。

3．IP 承载网需求分析

（1）LTE 承载网主要流量

LTE 承载网的位置和作用如图 4-21 所示，其主要承载的流量包括：

① eNodeB 与 MME 之间的控制、信令流；

② eNodeB 与 SGW 之间的业务流，包括语音、视频和其他数据流量；

③ eNodeB 与 eNodeB 之间的通信流量；

④ eNodeB 与 NMS（网络管理系统）之间的流量。

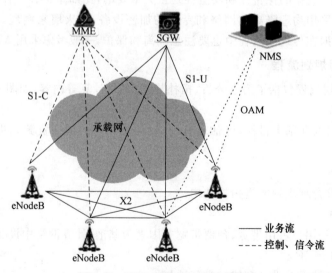

图 4-21　LTE 承载网的位置和作用

（2）LTE 对承载网的需求

① 确保 eNodeB 与 MME/SGW、eNodeB 与 eNodeB、eNodeB 与 NMS 之间的 IP 通信正常。

② 为承载的流量预留足够的带宽,并能根据数据包的重要程度进行优先级调节。

③ 有合理的网络结构,支持大规模网络。LTE 的基站覆盖密度比 3G 网络大 2~3 倍,承载网的节点数也随之增加。

④ 有良好的网络保护方案,在网络出现故障时能快速收敛。

⑤ 网络同步,无论是 TDD-LTE 还是 FDD-LTE,均要求满足频率同步和时间同步。

4．IP 承载网拓扑规划

（1）网络拓扑设计原则

运营商级的城域网、承载网,大型企业的局域网,高校的校园网,都属于大规模网络。在规划大规模网络拓扑结构时,一般采用分层结构,分为核心层、汇聚层、接入层。网络层次化设计的好处如下。

① 结构简单

网络分成许多小单元,降低了网络的整体复杂性,使故障排除或扩展更容易,能隔离广播风暴的传播,防止路由循环等潜在问题。

② 升级灵活

网络容易升级到最新的技术,升级任意层的网络对其他层造成的影响比较小,无须改变整个网络环境。

③ 易于管理

层次结构降低了设备配置的复杂性,使网络更容易管理。

（2）常用的组网方式

常用的组网方式包括环形组网、口字形组网和链形组网,如图 4-22 所示。环形组网和口字形组网能提供链路、设备的冗余保护,使业务中断后能快速恢复。

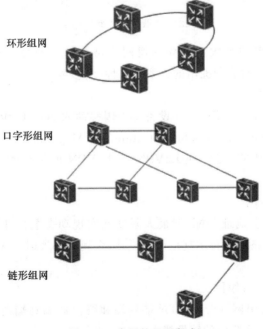

图 4-22　常用的组网方式

（3）IP 承载网典型拓扑结构

IP 承载网核心、汇聚、接入 3 个层次以环形或口字形组网为主，在没有条件构建环形、口字形组网的情况下（可能没有布放光缆资源），采用链形组网，如图 4-23 所示。

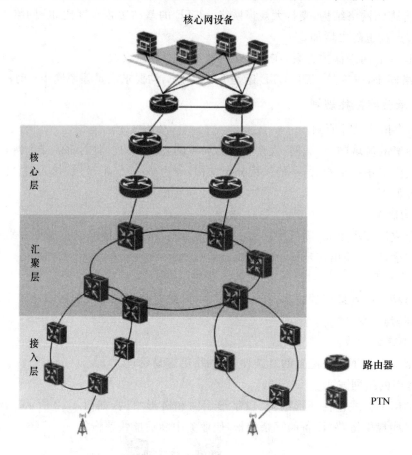

图 4-23　IP 承载网典型拓扑结构

在设备类型方面，现网各大运营商的建网策略和原有网络不尽相同，设备主要采用 PTN 和路由器。LTE 建网前期提出的方案有 3 种，供参考。

① PTN 端到端组网

从接入层到核心层全部采用 PTN 设备。中国移动的 2G/3G 承载网即采用这种形式。PTN 的操作维护管理（Operation Administration and Maintenance，OAM）继承了传输产品的优点，且支持弱三层功能，能实现 L2VPN 与 L3VPN 的灵活组网，是一种成本较低的方案。

② 路由器端到端组网

路由器方案基于动态地址分配，能最大限度地实现动态数据业务对传输带宽的共享。由于基站侧的承载接入路由器技术规范尚不成熟，大规模部署时 OAM 有待加强，此方案的可行性有待验证。

③ PTN 与路由器混合组网

PTN 与路由器混合组网结合了 PTN 端到端和路由器端到端两种组网方案的特点，核心层采用路由器以加强 IP 路由的转发能力。

5. IP 承载网容量计算

（1）容量计算参数

容量规划是网络规划中的重要部分,在网络建设过程中,通常和拓扑规划同期进行。容量规划是根据当前用户数及预计的发展趋势,估算出网络的总容量,从而有效地指导设备的选型和部署。IP 承载网容量计算涉及的参数如下。

① 单站平均吞吐量——从无线侧获取,为一个基站带宽需求的平均值。

② MIMO 单站三扇区吞吐量——从无线侧获取,为一个基站带宽需求的峰值。

③ 基站带宽预留比——基站平均吞吐量与实际预留给基站的带宽之间的比值,预留带宽是为了应对今后基站带宽需求的增加。

④ 链路工作带宽占比——链路带宽可分配给工作带宽、保护带宽、其他业务带宽,工作带宽为 LTE 流量主要路径占用的带宽,保护带宽为备份路径占用的带宽。此承载网还可能承担其他业务,如 2G/3G、大客户专线等。工作带宽占比即 LTE 业务在整个链路带宽中占用的比例。

⑤ 带宽收敛比——LTE 网络中数据业务成为主流,数据业务的统计复用特点加上用户资费包封顶等的存在,使得承载链路的实际带宽分配要小于基站带宽需求,这就是带宽收敛。比如:单个基站的带宽需求为 200 Mbit/s,汇聚层带宽收敛比为 3∶4,则汇聚层为单个基站预留的带宽为 150 Mbit/s。

⑥ 单汇聚设备带基站数——限定汇聚层设备汇聚基站的数量。

⑦ 环上设备数——接入环、汇聚环中限定的设备数量。

（2）接入层容量计算

每基站一个接入设备。根据 LTE 基站平均吞吐量和三扇区吞吐量,计算接入设备链路带宽需求。

① 计算基站预留带宽

$$基站预留带宽＝单站平均吞吐量/基站带宽预留比$$

说明:后继单个基站的带宽都采用预留带宽,主要是考虑未来的流量增长。基站预留带宽的单位为 Mbit/s。

② 计算接入层设备数量

$$接入层设备数量＝基站数$$

③ 选择接入层拓扑结构

说明:接入层常用环形组网,但在实际环境中也可能是星形、链形组网。此处提供两种选择。

④ 计算接入层设备容量(星形拓扑)

$$接入设备上行链路带宽＝\frac{MIMO 单站三扇区吞吐量}{链路工作带宽占比×1\,024}$$

说明:由于每个接入设备只接入一个基站,接入设备上行链路只需保证支持基站的峰值带宽即可。除 1 024 是进行 Mbit/s 到 Gbit/s 的单位换算。接入设备上行链路带宽的单位为 Gbit/s。

⑤ 计算接入层设备容量(环形拓扑)

$$接入环链路工作带宽＝(接入环上接入设备数－1)×基站预留带宽＋\frac{MIMO 单站三扇区吞吐量}{1\,024}$$

说明：接入环链路工作带宽是接入环上基站带宽需求之和。如果一个接入环接入 6 个基站，根据经验值，接入环链路需满足所有基站的平均带宽需求，且至少一个基站可以达到峰值带宽。接入环链路工作带宽的单位为 Gbit/s。

⑥ 接入环链路带宽

$$接入环链路带宽 = \frac{接入环链路工作带宽}{链路工作带宽占比}$$

说明：链路中除了工作带宽外，还要预留保护带宽。接入环链路带宽的单位为 Gbit/s。

⑦ 接入环数量

$$接入环数量 = \frac{接入层设备数量}{接入环上接入设备数}$$

（3）汇聚层容量计算

根据城市人口密集程度，每个汇聚设备所带基站数量不同，汇聚层主要计算汇聚设备链路带宽需求。

① 计算汇聚层设备数量

$$汇聚层设备数量 = \frac{基站数}{单汇聚设备带基站数}$$

说明：现网中一般对汇聚节点下挂的接入环有一个标准值，如果一个汇聚设备下带 6 个接入环，每接入环 6 个基站，再根据总的基站数，可以估算出汇聚层需要多少设备。

② 选择汇聚层拓扑结构

与接入层类似，汇聚层也可以选择环形与星形。现网中环形使用得较多。

③ 计算汇聚层设备容量（星形拓扑）

$$汇聚设备上行链路工作带宽 = \frac{单汇聚设备带基站数 \times 基站预留带宽}{1\,024}$$

$$汇聚设备上行链路带宽 = \frac{汇聚设备上行链路工作带宽}{链路工作带宽占比}$$

其中，汇聚设备上行链路工作带宽和汇聚设备上行链路带宽的单位都为 Gbit/s。

④ 计算汇聚层设备容量（环形拓扑）

$$汇聚环链路工作带宽 = 单汇聚设备带基站数 \times 汇聚环上汇聚设备数 \times$$

$$基站预留带宽 \times 汇聚层、接入层带宽收敛比/1\,024$$

$$汇聚环链路带宽 = \frac{汇聚环链路工作带宽}{链路工作带宽占比}$$

其中，汇聚环链路工作带宽和汇聚环链路带宽的单位为 Gbit/s。

⑤ 汇聚环数量

$$汇聚环数量 = \frac{汇聚层设备数量}{汇聚环上汇聚设备数}$$

（4）核心层容量计算

根据各城市 LTE 基站数量和平均吞吐量，计算核心设备的吞吐量。

① 计算核心层设备容量

$$核心层设备吞吐量 = \frac{基站数 \times 基站预留带宽 \times 核心层、接入层带宽收敛比}{1\,024}$$

说明：设备吞吐量即设备整机单位时间内的数据传送量，体现设备的整体转发性能。核心层设备吞吐量的单位为 Gbit/s。

② 核心层设备数量

说明：单个核心层设备承载所有基站流量时，建议配置主备 2 台设备。

（5）省骨干网容量计算

根据所有地区 LTE 基站数量和平均吞吐量，计算省骨干网设备吞吐量。

① 计算省骨干网设备容量

$$骨干网设备吞吐量＝万绿市核心设备吞吐量＋千湖市核心设备吞吐量＋$$
$$百山市核心设备吞吐量$$

说明：骨干网设备转发地市之间、地市基站与互联网间的流量，其吞吐量应大于各个地市核心设备吞吐量之和。骨干网设备吞吐量的单位为 Gbit/s。

② 骨干网设备数量

说明：建议配置主备两台设备。

6. OTN 规划流程

OTN 规划流程包括了需求分析、拓扑规划、确定业务类型等内容，如图 4-24 所示。

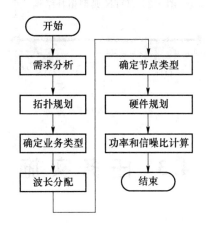

图 4-24　OTN 规划流程

（1）需求分析

在实际网络规划中，需求分析要收集足够的客户需求信息，包括站点设置、容量需求、业务需求、光纤的类型、距离、光纤损耗、色散等信息。重点要考虑的是站点设置、容量需求和业务需求，保证 IP 承载设备承载的数量流量能顺利完成长距离传输。

（2）拓扑规划

光传输网的基本拓扑为环形、链形、点到点，其他复杂拓扑由这 3 种拓扑组成。OTN 典型拓扑结构如图 4-25 所示。

（3）确定业务类型

① 确定业务总数和业务上路、下路的节点位置。一条通过 OTN 互联的链路可以称为一路业务，如图 4-26 所示。

② 明确业务传输类型。业务的传输类型可能有多种，如 E1、STM、FE、GE 等。

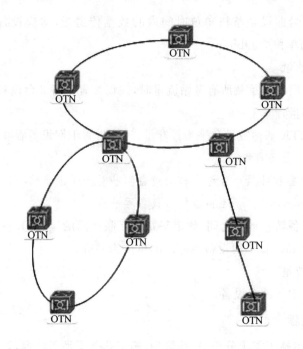

图 4-25　OTN 典型拓扑结构

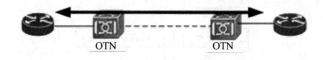

图 4-26　一路 OTN 业务

4.3　任务实施

4.3.1　规划 IP 承载网结构

启动并登录仿真软件,选择"网络拓扑规划"标签,进入网络拓扑规划界面,如图 1-12 所示。整个 4G 移动网络由无线及核心网、承载网两大部分组成,其中承载网又分为 IP 承载网和光传输网。软件操作区上侧有"核心网 & 无线""IP 承载网"和"光传输网"3 个标签,点击不同的标签可显示或隐蔽相关设备及连线。

点击"IP 承载网"标签,显示 IP 承载网拓扑规划界面。依次从操作区右侧资源池中拖动路由器(Router,RT)或 PTN 到万绿市和千湖市承载网机房空设备位置。顺序点击承载网设备(RT 或 PTN)可在两者之间增加连接线。万绿市和千湖市 IP 承载网拓扑结构如图 4-27 所示。

4.3.2　规划光传输网结构

点击"光传输网"标签,显示光传输网拓扑规划界面。依次从操作区右侧资源池中拖动

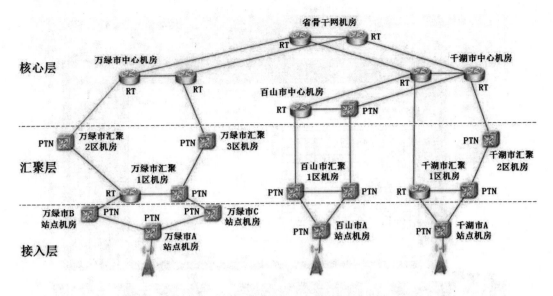

图 4-27　万绿市和千湖市 IP 承载网拓扑结构

OTN 到万绿市和千湖市承载网机房空设备位置。顺序点击承载网设备（OTN）可在两者之间增加连接线。万绿市和千湖市光传输网拓扑结构如图 4-28 所示。

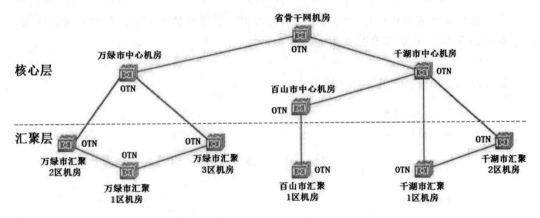

图 4-28　万绿市和千湖市光传输网拓扑结构

4.3.3　规划 IP 承载网容量

启动并登录仿真软件，选择"容量规划"标签，进入容量规划界面，如图 1-14 所示。软件操作区上侧有"无线接入网""核心网"和"IP 承载网"3 个标签，点击不同的标签可对无线接入网、核心网和 IP 承载网分别进行规划。软件操作区左侧为城市选择标签，可分别选择万绿市、千湖市或百山市进行配置。

点击容量规划界面操作区上侧的"IP 承载网"标签和左侧的"万绿"标签，开始万绿市承载网容量规划，如图 4-29 所示。

1. 同步无线侧参数

点击"单站平均吞吐量""MIMO 单站三扇区吞吐量"和"基站数"右边的"自动同步无线侧参数"单选按钮，引用前面无线接入网容量规划的数据，如图 4-29 所示。

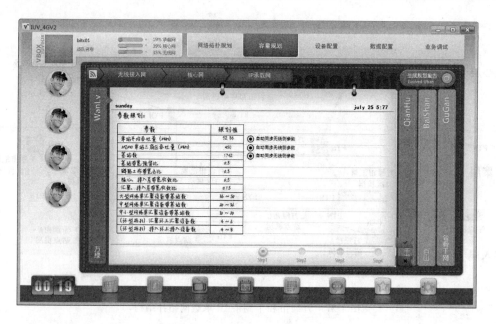

图 4-29　承载网容量规划界面

2. 接入层容量估算

点击操作区下方流程单选按钮"Step2",进入接入层容量估算界面。软件在界面上部给出了容量估算参考数据,结合公式可完成相关计算。

(1) 计算基站预留带宽

计算基站预留带宽,如图 4-30 所示。

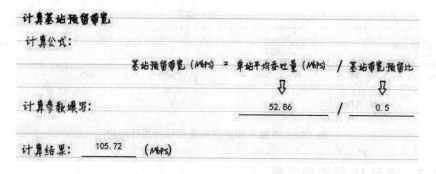

图 4-30　计算基站预留带宽

(2) 计算接入层设备数量

计算接入层设备数量,如图 4-31 所示。

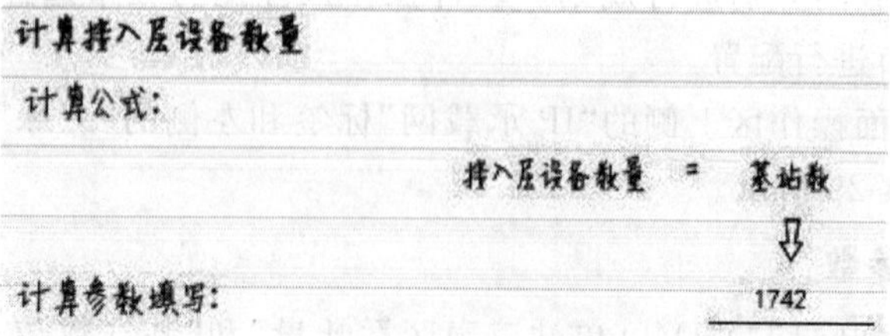

> 计算接入层设备数量
>
> 计算公式:
>
> 接入层设备数量 ＝ 基站数
>
> ⇩
>
> 计算参数填写:　　　　　1742

图 4-31　计算接入层设备数量

（3）选择接入层拓扑结构

选择接入层拓扑结构，如图 4-32 所示。

请选择接入层拓扑结构
星型拓扑
环形拓扑
汇聚层
接入层
汇聚层
接入层

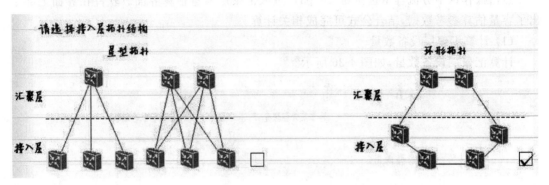

图 4-32　选择接入层拓扑结构

（4）计算接入层设备容量

① 计算接入环链路工作带宽，如图 4-33 所示。

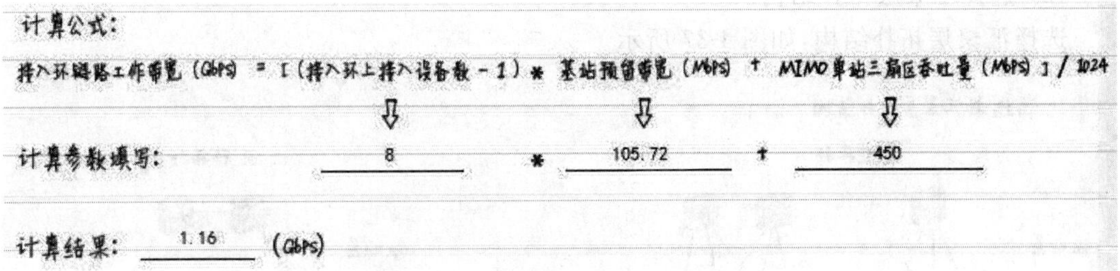

计算公式:
接入环链路工作带宽 (GbPS) = [(接入环上接入设备数 - 1) * 基站预留带宽 (MbPS) + MIMO单站三扇区吞吐量 (MbPS)] / 1024
计算参数填写:
8
*
105.72
+
450
计算结果:
1.16
(GbPS)

图 4-33　计算接入环链路工作带宽

② 计算接入环链路带宽，如图 4-34 所示。

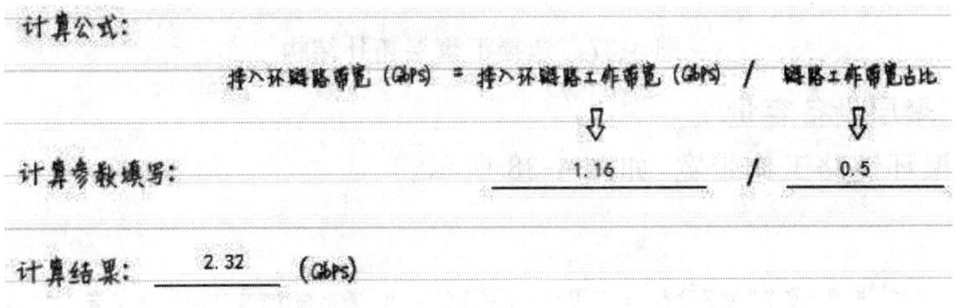

计算公式:
接入环链路带宽 (GbPS) = 接入环链路工作带宽 (GbPS) / 链路工作带宽占比
计算参数填写:
1.16
/
0.5
计算结果:
2.32
(GbPS)

图 4-34　计算接入环链路带宽

③ 计算接入环数量，如图 4-35 所示。

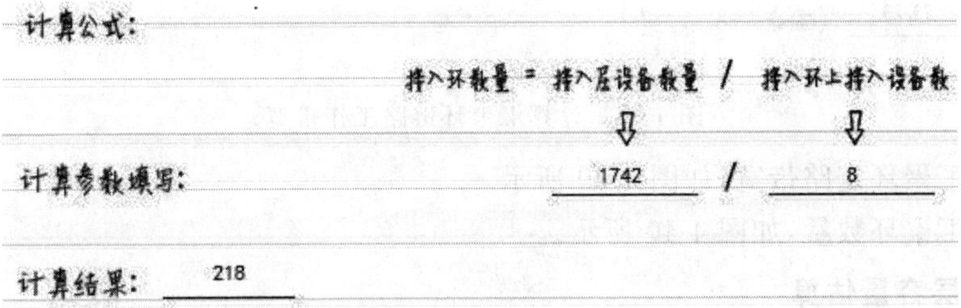

计算公式:
接入环数量 = 接入层设备数量 / 接入环上接入设备数
计算参数填写:
1742
/
8
计算结果:
218

图 4-35　计算接入环数量

3. 汇聚层容量估算

点击操作区下方流程单选按钮“Step3”，进入汇聚层容量估算界面。软件在界面上部给出了容量估算参考数据，结合公式可完成相关计算。

(1) 计算汇聚层设备数量

计算汇聚层设备数量，如图 4-36 所示。

计算公式:
汇聚层设备数量 = 基站数 / 单汇聚设备带基站数
计算参数填写:
1742
/
50
计算结果:
35

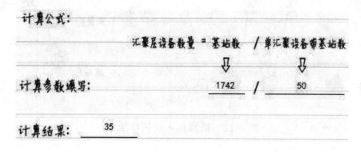

图 4-36　计算汇聚层设备数量

(2) 选择汇聚层拓扑结构

选择汇聚层拓扑结构，如图 4-37 所示。

请选择汇聚层拓扑结构
星型拓扑
环形拓扑
核心层
汇聚层
核心层
汇聚层

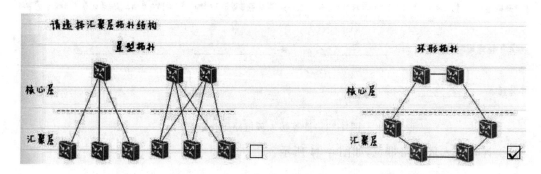

图 4-37　选择汇聚层拓扑结构

(3) 计算汇聚层设备容量

① 计算汇聚环链路工作带宽，如图 4-38 所示。

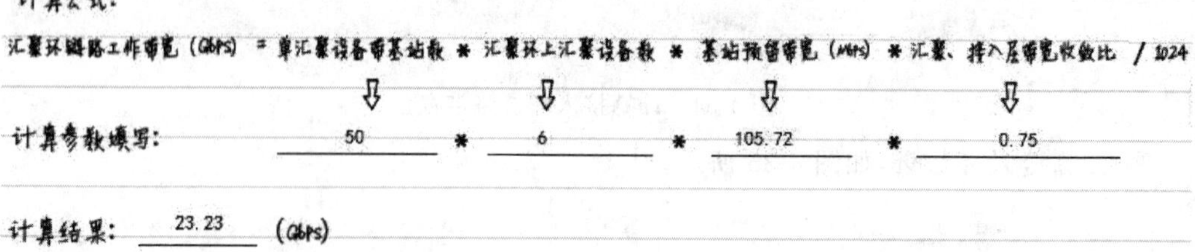

计算公式:
汇聚环链路工作带宽 (GbPS) = 单汇聚设备带基站数 * 汇聚环上汇聚设备数 * 基站预留带宽 (MbPS) * 汇聚、接入层带宽收敛比 / 1024
计算参数填写:
50
*
6
*
105.72
*
0.75
计算结果:
23.23
(GbPS)

图 4-38　计算汇聚环链路工作带宽

② 计算汇聚环链路带宽，如图 4-39 所示。

③ 计算汇聚环数量，如图 4-40 所示。

4. 核心层容量估算

点击操作区下方流程单选按钮“Step4”，进入核心层容量估算界面。软件在界面上部给出了容量估算参考数据,结合公式可完成相关计算。

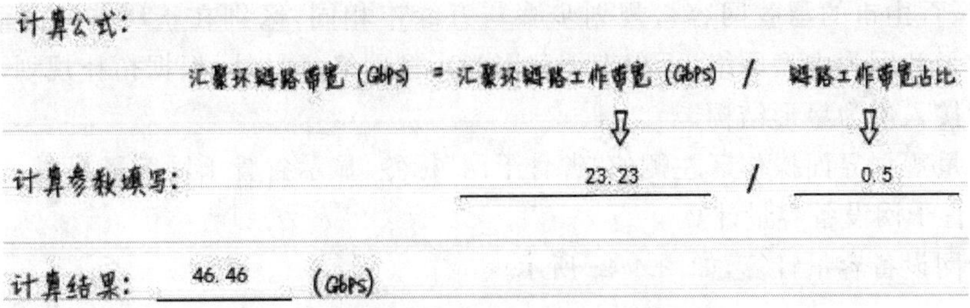

计算公式:

　　汇聚环链路带宽(Gbps) = 汇聚环链路工作带宽(Gbps) / 链路工作带宽占比

计算参数填写:　　　　　　　　23.23　　　/　　0.5

计算结果:　46.46　(Gbps)

图 4-39　计算汇聚环链路带宽

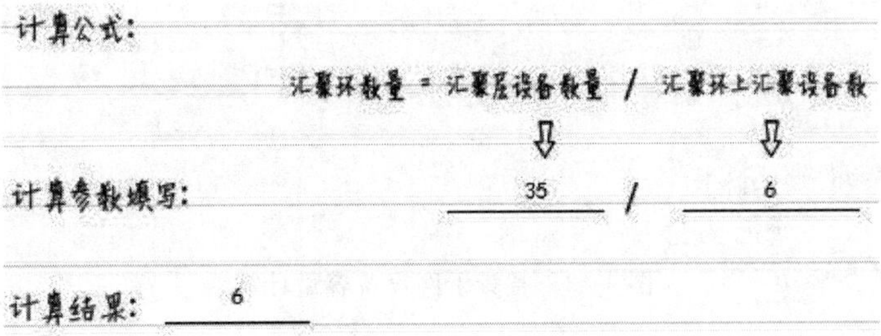

计算公式:

　　汇聚环数量 = 汇聚层设备数量 / 汇聚环上汇聚设备数

计算参数填写:　　　　　　35　　/　　6

计算结果:　　6

图 4-40　计算汇聚环数量

（1）核心层设备容量计算

核心层设备容量计算如图 4-41 所示。

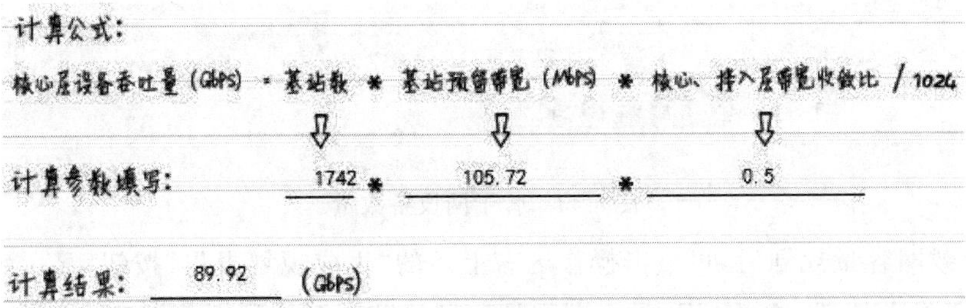

计算公式:

核心层设备吞吐量(Gbps) = 基站数 * 基站预留带宽(Mbps) * 核心、接入层带宽收敛比 / 1024

计算参数填写:　　1742 *　　105.72　　*　　0.5

计算结果:　89.92　(Gbps)

图 4-41　核心层设备容量计算

（2）核心层设备数量

核心层设备数量如图 4-42 所示。

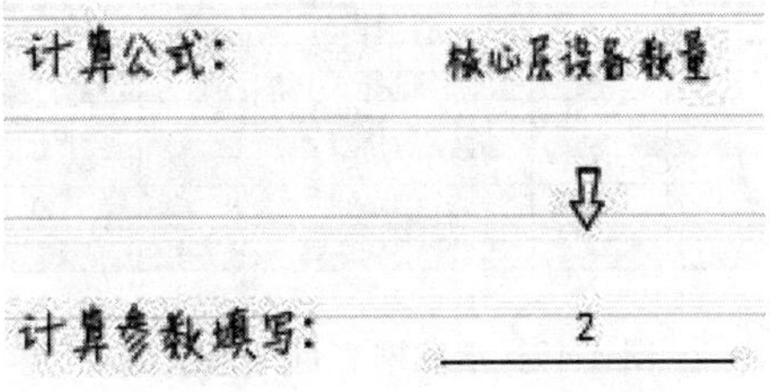

计算公式:　　核心层设备数量

计算参数填写:　　　2

图 4-42　核心层设备数量

5. 生成规划报告

千湖市、百山市的承载网容量规划步骤与万绿市相同,区别在于所选择的话务模式不同。千湖市承载网为中型网络,百山市承载网为小型网络。另外,根据拓扑规划,千湖市、百山市承载网接入层为星形结构。

点击容量规划界面操作区左侧的"省骨干网"标签,显示省骨干网容量规划。

(1) 省骨干网设备容量计算

省骨干网设备容量计算,如图 4-43 所示。

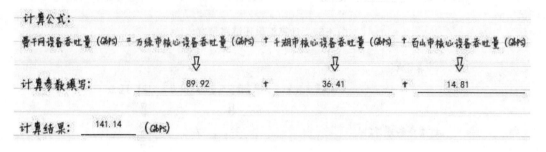

计算公式:

骨干网设备吞吐量 (Gbps) = 万绿市核心设备吞吐量 (Gbps) + 千湖市核心设备吞吐量 (Gbps) + 百山市核心设备吞吐量 (Gbps)

计算参数填写:　　　89.92　　　+　　　36.41　　　+　　　14.81

计算结果:　141.14　(Gbps)

图 4-43　省骨干网设备容量计算

(2) 骨干网设备数量

骨干网设备数量,如图 4-44 所示。

计算公式:　　　骨干网设备数量

计算参数填写:　　　2

图 4-44　骨干网设备数量

完成承载网容量规划后,可点击操作区右上角的"生成规划报告"按钮,显示承载网容量规划报告,如图 4-45 所示。其中,骨干网规划数据是 3 座城市规划数据之和。

产品 \ 城市		万绿市		千湖市		百山市	
IP承载	骨干网	设备数量		2			
		设备吞吐量 (Gbps)		108.37			
	核心层	设备数量	2	设备数量	2	设备数量	2
		设备吞吐量 (Gbps)	89.92	设备吞吐量 (Gbps)	36.41	设备吞吐量 (Gbps)	14.81
				千湖市+百山市核心层设备吞吐量(Gbps)	51.22		
	汇聚层	设备数量	35	设备数量	24	设备数量	15
		拓扑类型	环形	拓扑类型	环形	拓扑类型	环形
		上行链路带宽 (Gbps)		上行链路带宽 (Gbps)		上行链路带宽 (Gbps)	
		汇聚环链路带宽 (Gbps)	46.46	汇聚环链路带宽 (Gbps)	27.5	汇聚环链路带宽 (Gbps)	18.64
		汇聚环数量	6	汇聚环数量	4	汇聚环数量	1
	接入层	设备数量	1742	设备数量	858	设备数量	286
		拓扑类型	环形	拓扑类型	星形	拓扑类型	星形
		上行链路带宽 (Gbps)		上行链路带宽 (Gbps)	0.61	上行链路带宽 (Gbps)	0.61
		接入环链路带宽 (Gbps)	2.32	接入环链路带宽 (Gbps)		接入环链路带宽 (Gbps)	
		接入环数量	218	接入环数量		接入环数量	

图 4-45　承载网容量规划报告

4.4 验 收 评 价

4.4.1 任务实施评价

"规划承载网"任务评价如表 4-3 所示。

表 4-3 "规划承载网"任务评价

任务 4 规划承载网					
班级			小组		
评价要点	评价内容	分值	得分	备注
基础知识 (40 分)	明确工作任务和目标	5		
	数据网络的拓扑结构	5		
	LTE 承载网的分层结构	5		
	TCP/IP 协议	5		
	IP 地址的结构和分类	5		
	子网和子网掩码	5		
	IP 承载网规划流程	5		
	光传输网规划流程	5		
任务实施 (50 分)	规划 IP 承载网结构	10		
	规划光传输网结构	20		
	规划 IP 承载网容量	20		
操作规范 (10 分)	按规范操作,防止损坏仪器仪表	5		
	保持环境卫生,注意用电安全	5		
合计		100		

4.4.2 思考与练习题

1. 数据通信网有哪些常见拓扑结构?

2. 数据通信网络一般可分为哪三层?

3. TCP/IP 协议栈有哪 4 个层次?

4. 简述 TCP 和 UDP 的功能。

5. 简述 eNodeB 的功能。

6. IP 协议、ICMP、RARP 和 ARP 有什么功能?

7. 简述 IP 地址的结构和分类。

8. 子网掩码有什么作用?

9. 简述 IP 承载网规划流程。

10. 简述光传输网规划流程。

任务5 安装承载网设备

【学习目标】

◇ 了解二层交换原理和特点。

◇ 掌握三层路由原理。

◇ 熟悉 LTE 承载网设备安装的步骤和内容。

5.1 任 务 描 述

根据规划正确选购、安装并连接承载网设备是移动通信系统建设的基础步骤,也是实现移动业务的关键。本次任务使用仿真软件完成承载网核心层、汇聚层和接入层机房的设备安装与连接,为后续配置业务打下基础。设备安装与连接针对万绿、千湖和百山 3 座城市进行。其中,万绿市位于平原,是移动用户数量在 1 000 万以上的大型人口密集城市;千湖市四周为湖泊,是移动用户数量在 500 万~1 000 万的中型城区城市;百山市位于山区,是移动用户数量在 500 万以下的小型城郊城市。

本次 4G 承载网设备安装与连接工作共涉及了 12 个机房,分为接入、汇聚、核心三层及省骨干网。接入层有 5 个机房,即万绿市 A 站点机房、万绿市 B 站点机房、万绿市 C 站点机房、千湖市 A 站点机房、百山市 A 站点机房;汇聚层有 6 个机房,即万绿市承载 1 区汇聚机房、万绿市承载 2 区汇聚机房、万绿市承载 3 区汇聚机房、千湖市承载 1 区汇聚机房、千湖市承载 2 区汇聚机房和百山市承载 1 区汇聚机房;核心层有 3 个机房,即万绿市承载中心机房、千湖市承载中心机房、百山市承载中心机房。其中,万绿市和千湖市承载中心机房分别与万绿市和千湖市 4G 核心网相连,且均与省骨干网承载机房连接。百山市承载中心机房则通过千湖市承载中心机房连接千湖市 4G 核心网和省骨干网。光传输网端口规划和 IP 承载网地址规划分别如图 6-1 和图 6-2 所示。图 6-1 数据格式为"$A/B/C$",其中 A 为端口速率,B 为单板槽位,C 为线路接口。

5.2 知 识 准 备

5.2.1 二层交换原理

1. 二层交换机功能

以太网二层交换机(Switch)具备 3 个基本功能,即地址学习、转发和过滤、避免环路。

地址学习是指利用接收数据帧中的源 MAC 地址来建立 MAC 地址表(源地址自学习),使用地址老化机制进行地址表维护;转发和过滤是指在 MAC 地址表中查找数据帧中的目的 MAC 地址,如果找到就将该数据帧发送到相应的端口,如果找不到则向所有端口转发广播帧和多播帧(不包括源端口);避免环路是指利用生成树协议避免环路带来的危害。

地址学习是以太网交换机工作的核心,下面通过一个案例对此过程进行说明。案例中有 A、B、C、D 4 台计算机,分别连接到交换机 E0~E3 端口,MAC 地址如图 5-1 所示。

① 交换机开始工作时,MAC 地址表是空的,如图 5-1 所示。

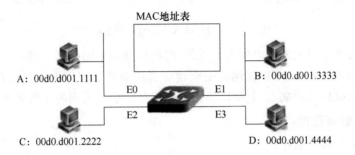

图 5-1　开始时空的 MAC 地址表

② 主机 A 发送一个数据帧(Frame)给主机 C,交换机从端口 E0 学到主机 A 的 MAC 地址,将该帧做“洪泛(Flooding)”转发,如图 5-2 所示。

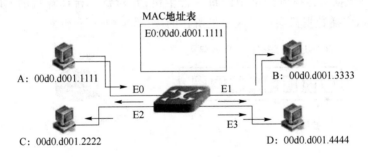

图 5-2　学习发送端的 MAC 地址

③ 主机 C 回应一个数据帧给主机 A,交换机从端口 E2 学到主机 C 的 MAC 地址,如图 5-3 所示。

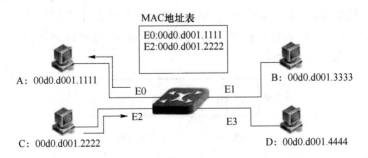

图 5-3　学习接收端的 MAC 地址

④ 主机 A 再次发送一个数据帧给主机 C,交换机已经知道目标 MAC 地址,不再“洪泛”转发,直接从端口 E2 发送出去,如图 5-4 所示。

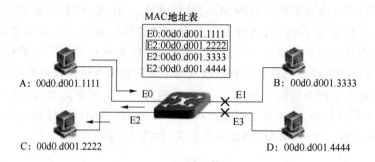

图 5-4　利用已知 MAC 地址转发数据

二层交换带来了以太网技术的重大飞跃,彻底地解决了困扰网络发展的冲突问题,极大地改进了以太网的性能,而且以太网的安全性也有所提高。但以太网仍存在广播泛滥和安全性无法得到有效保证的缺点,其中广播泛滥严重是二层以太网的主要问题。

2. 虚拟局域网原理

（1）VLAN 的概念和作用

为解决二层以太网的广播泛滥问题,虚拟局域网（Virtual Local Area Network,VLAN）这个概念被提出。VLAN 是一种通过将局域网内的设备逻辑地而不是物理地划分成一个个网段从而实现虚拟工作组的技术,其主要作用是隔离广播域,如图 5-5 所示。在没有划分 VLAN 时,广播数据会传播到网络中的每一台主机,并对每一台计算机的 CPU 造成负担。划分 VLAN 后,广播数据只会在发送主机所在的 VLAN 中进行传播。

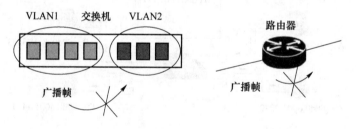

图 5-5　虚拟局域网的作用

（2）VLAN 的划分方法

VLAN 的划分方法有很多,包括基于端口的划分、基于 MAC 地址的划分、基于协议的划分、基于子网的划分、基于组播的划分、基于策略的划分,其中常用的为基于端口的划分。VLAN 中包括的端口可以来自一台交换机,如图 5-6 所示;也可以来自多个交换机,即跨交换机定义 VLAN,如图 5-7 所示。

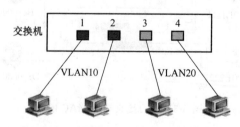

图 5-6　单交换机的 VLAN

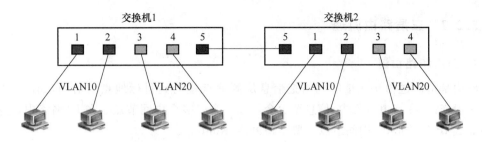

图 5-7　跨交换机的 VLAN

（3）以太网数据帧的格式

当前业界普遍采用的 VLAN 标准是 IEEE 802.1Q，它规定了以太网中数据帧的格式。普通的以太网数据帧没有 VLAN 标签，叫作 Untagged 帧；如果加了 VLAN 标签，则称为 Tagged 帧，如图 5-8 所示。并不是所有设备都可以识别 Tagged 帧。不能识别 Tagged 帧的设备包括普通 PC 的网卡、打印机、扫描仪、路由器端口等，而可以识别 VLAN 的设备则有交换机、路由器的子接口、某些特殊网卡等。

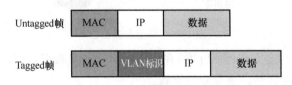

图 5-8　以太网数据帧的格式

（4）VLAN 的端口模式

由于以太网具有 Untagged 和 Tagged 两种数据帧格式，因此 VLAN 端口也相应地分为 Access 和 Trunk 两种模式，如图 5-9 所示。

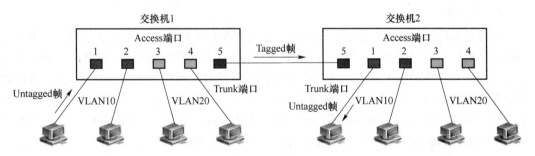

图 5-9　VLAN 的端口模式

① Access 模式

当交换机接口连接那些不能识别 VLAN 标签的设备时，交换机必须把标签移除，变成 Untagged 帧再发出。同样，此接口接收到的一般都是 Untagged 帧。这样的接口被称为 Access 模式接口，对应的链路为 Access 链路。

② Trunk 模式

当跨交换机的多个 VLAN 需要相互通信时，交换机发往对端交换机的帧就必须要打上 VLAN 标签，以便对端能够识别数据帧发往哪个 VLAN。用于发送和接收 Tagged 帧的端口称为 Trunk 模式接口，对应的链路为 Trunk 链路。

5.2.2 三层路由原理

1. 路由和路由器

路由是指通过相互连接的网络把信息从源地点移动到目标地点的活动,如图 5-10 所示。一般来说,在路由过程中,信息至少会经过一个或多个中间节点。在 IP 网络中,这些信息封装成 IP 包的形式,中间节点主要是路由器(Router)。

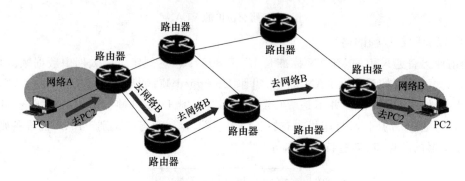

图 5-10 路由和路由器

路由器的核心作用是实现网络互联,在不同网络间转发数据,具备以下功能。

① 路由(寻径):包括路由表建立与刷新。

② 交换:在网络之间转发分组数据,涉及接收数据帧,解封装,对数据包做相应处理,根据目的网络查找路由表,决定转发接口,做新的数据链路层封装等过程。

③ 隔离广播,指定访问规则:阻止广播通过,设置访问控制列表对流量进行控制。

④ 异种网络互联:支持不同的数据链路层协议,连接异种网络,实现子网间速率适配。

2. 路由表

执行数据转发和路径选择所需要的信息被包含在路由器的一个表项中,称为"路由表"。路由器会根据 IP 数据包中的目的网段地址查找路由表并决定转发路径,路由表记载着路由器所知的所有网段的路由信息。路由信息中包含到达目的网段所需的下一跳地址,路由器可根据此地址,决定将数据包转发到哪个相邻设备上去。路由表被存放在路由器的 RAM 上,要维护的路由信息较多时,必须有足够的 RAM 存储空间,并且路由器重新启动后原来的路由信息都会消失。路由表的结构如图 5-11 所示,通常包含以下信息。

① 目的网络地址(Dest):目的逻辑网络或子网络地址。

② 掩码(Mask):目的逻辑网络或子网的掩护码。

③ 下一跳地址(Gw):与之相连的路由器的端口地址。

④ 发送物理端口(Interface):学习到该路由的接口,也是数据包离开路由器的接口。

⑤ 路由信息来源(Owner):表示该路由信息是怎样学习到的。

⑥ 路由优先级(pri):决定了来自不同路由表源端的路由信息的优先权。

⑦ 度量值(metric):度量值表示每条可能路由的代价,值最小的路由就是最佳路由。

3. 路由的分类

(1) 直连路由

当接口配置了网络协议地址并状态正常时,接口上配置的网段地址自动出现在路由表中并与接口关联，这样的路由称为直连路由，如图 5-12 所示。其中，路由信息来源为直连(Direct)；路由优先级为 0，拥有最高路由优先级；度量值为 0，表示拥有最小度量值。

直连路由会随接口的状态变化在路由表中自动变化，当接口的物理层与数据链路层状态正常(Up)时，此直连路由会自动出现在路由表中，当路由器检测到此接口并断开(Down)后，此条路由会自动消失。

Dest	Mask	Gw	Interface	Owner	pri	metric
172.16.8.0	255.255.255.0	1.1.1.1	fei_1/1	static	1	0

172.16.8.0——目的逻辑网络地址或子网地址
255.255.255.0——目的逻辑网络地址或子网地址的网络掩码
1.1.1.1——下一跳逻辑地址
fei_1/1——学习到这条路由的接口和数据的转发接口
static——路由器学习到这条路由的方式
1——路由优先级
0——metric

图 5-11　路由表的构成

IPv4 Routing Table:

Dest	Mask	Gw	Interface	Owner	pri	metric
10.0.0.0	255.255.255.0	10.0.0.1	fei_1/1	direct	0	0
10.0.0.1	255.255.255.255	10.0.0.1	fei_1/1	address	0	0
192.168.0.0	255.255.255.252	192.168.0.1	e1_1	direct	0	0
192.168.0.1	255.255.255.255	192.168.0.1	e1_1	address	0	0

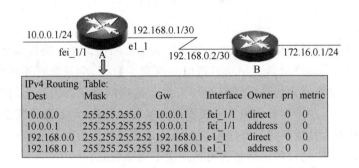

图 5-12　直连路由

(2) 静态路由

系统管理员手工设置的路由称为静态路由，它是在系统安装时根据网络配置情况预先设定的，不会随未来网络拓扑结构的改变而自动改变，如图 5-13 所示。这是一条单向路由，要实现双向通信还需要在对方的路由器上配置一条反向路由。静态路由在路由表中的路由信息来源为静态(Static)，路由优先级为 1，度量值为 0。

静态路由的优点是不占用网络带宽和系统资源、安全；缺点是需网络管理员手工逐条配置，不能自动对网络状态变化做出调整。在无冗余连接网络中，静态路由可能是最佳选择。静态路由是否出现在路由表中取决于下一跳是否可达。

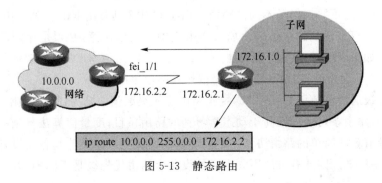

图 5-13　静态路由

（3）缺省路由

缺省路由是一个路由表条目,用来转发下一跳没有明确列于路由表中的数据单元。在路由表中找不到明确路由条目的所有数据包都将按照缺省路由指定的接口和下一跳地址进行转发,如图 5-14 所示。缺省路由可以是管理员设定的静态路由,也可以是某些动态路由协议自动产生的结果。它可极大地减少路由表条目数量,但配置不正确可能导致路由环路或非最佳路由。在子网络出口路由器上,缺省路由是最佳选择。

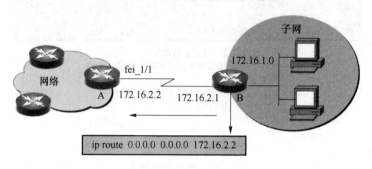

图 5-14　缺省路由

（4）动态路由

由路由协议根据网络结构变化生成的路由称为动态路由。路由协议是运行在路由器上的软件进程,通过与其他路由器上相同的路由协议交换数据,学习非直连网络的路由信息,并加入路由表中。动态路由协议的优点是可以自动适应网络状态的变化,自动维护路由信息,而不用网络管理员的参与。但由于需要相互交换路由信息,动态路由需要占用网络带宽和系统资源,而且安全性也不如静态路由。在有冗余连接的复杂网络环境中,适合采用动态路由协议。动态路由中的目的网络是否可达取决于网络状态。

4. 优先级与度量值

（1）路由优先级

一台路由器上可以同时运行多个路由协议。每个路由协议都可能发现到某一相同目的网络的路由,但由于不同路由协议的选路算法不同,所以它们可能选择不同的路径作为最佳路径。路由器必须选择其中一个路由协议计算出来的最佳路径作为转发路径加入路由表中。路由器选择路由协议的依据是路由优先级(Priority),不同的路由协议有不同的路由优先级,数值小的优先级高。在图 5-15 所示的案例中,一台路由器上同时运行了路由信息协议(Routing Information Protocol,RIP)和开放式最短路径优先(Open Shortest Path First,OSPF)协议。RIP 与 OSPF 协议都发现并计算出了到达同一网络(10.0.0.0/16)的最佳路径,但由于选路算法不同选择了不同的路由。由于 OSPF 具有比 RIP 高的路由优先级,所以路由器将通过 OSPF 学到的这条路由加入路由表中。应该注意,必须是相同路由才进行优先级的比较。如果 RIP 学到了一条去往 10.0.0.0/16 的路由,而 OSPF 学到了另一条去往 10.0.0.0/24 的不同路由,则两条路由都会被加入路由表中。

路由优先级的数值范围为 0～255,缺省路由优先级赋值原则为:直连路由具有最高优先级;人工设置的路由条目优先级高于动态学习到的路由条目;度量值算法复杂的路由协议优先级高于度量值算法简单的路由协议。不同协议路由优先级的赋值是各个设备厂商自行决定的,没有统一标准。因此有可能不同厂商的设备上路由优先级是不同的,并且通过配置可以修改缺省路由的优先级。

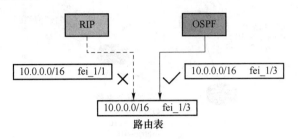

图 5-15   路由优先级

（2）浮动静态路由

备份链路的作用是在主链路状态不正常的情况下接替主链路转发数据,当主链路状态恢复正常后流量应该自动切换回主链路。路由表中的路由条目也需要根据链路状态做适当的调整。在图 5-16 所示的案例中,正常情况下所有到达外部网络的路由应该通过接口 e1-1进行转发,而当连接接口 e1-1 的 100M 专线断开后,路由表中的到达外部网络的路由应该自动变为指向接口 e1-2,通过其所连接的 10M 专线进行转发。此时可使用浮动静态路由配置备份链路。浮动静态路由就是优先级大于 1 的静态路由,是路由优先级的一种应用。

本例中分别配置了通过不同接口到达外部网络（10.0.0.0 255.0.0.0）的路由,其中通过主链路的静态路由的优先级没有配置,保持默认值 1;通过备份链路的静态路由的优先级配置为 5。在两条链路状态都正常的情况下,由于设置的是两条完全相同的路由,所以路由优先级高（数值小）的通过接口 e1_1 转发的路由条目会出现在路由表中,而路由优先级低（数值大）的通过接口 e1_2 转发的路由条目不会出现在路由表中。当主链路发生故障时,路由器在接口上检测出链路断开后,会撤销所有通过此接口转发的路由条目,此时路由优先级低（数值大）的通过接口 e1_2 转发的路由条目就会自动出现在路由表中,所有到达外部网络（10.0.0.0 255.0.0.0）的流量被切换到备份链路;而当主链路状态恢复正常后,通过主链路转发的路由会自动出现在路由表中,而通过备份链路转发的路由被自动撤销。

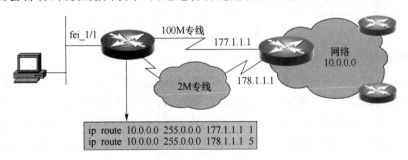

图 5-16   浮动静态路由

（3）度量值

度量值表示路由到达目的网络需要付出的代价,有的路由协议中叫"开销"。不同类型的路由计算 metric 的方式不一样,没有可比性。当某类型的路由协议计算出去往同一目的网络的不同路径时,比较 metric,值越小表示路径开销越小,越能优先被采用,如图 5-17所示。

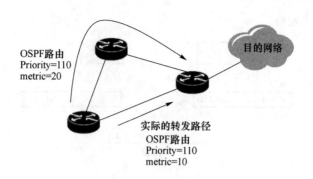

图 5-17 度量值的应用

5. 最长匹配原则

因为路由表中的每个表项都指定了一个网络,所以一个目的地址可能与多个表项匹配。当出现这种情况时,选择具有最长(最精确)子网掩码的路由,这就是最长匹配原则。在图 5-18 所示的路由表中,路由 1(10.0.0.0 255.0.0.0)、路由 2(10.1.0.0 255.255.0.0)和路由 3(10.1.1.0 255.255.255.0)均含有地址 10.1.1.1,转发数据包时依据最长匹配原则选择路由 3。

```
IPv4 Routing Table:
目的地址        子网掩码            下一跳       出接口        来源      优先级    度量值

1.0.0.0        255.0.0.0          1.1.1.1      fei_0/1.1    direct    0        0
1.1.1.1        255.255.255.255    1.1.1.1      fei_0/1.1    address   0        0
2.0.0.0        255.0.0.0          2.1.1.1      fei_0/1.2    direct    0        0
2.1.1.1        255.255.255.255    2.1.1.1      fei_0/1.2    address   0        0
3.0.0.0        255.0.0.0          3.1.1.1      fei_0/1.3    direct    0        0
3.1.1.1        255.255.255.255    3.1.1.1      fei_0/1.3    address   0        0
10.0.0.0       255.0.0.0          1.1.1.1      fei_0/1.1    ospf      110      10
10.1.0.0       255.255.0.0        2.1.1.1      fei_0/1.2    static    1        0
10.1.1.0       255.255.255.0      3.1.1.1      fei_0/1.3    rip       120      5
0.0.0.0        0.0.0.0            1.1.1.1      fei_0/1.1    static    0        0
```

图 5-18 最长匹配原则

6. 路由重分发

路由重分发就是在一种路由协议中引入其他路由协议产生的路由,并以本协议的方式来传播这条路由,如图 5-19 所示。R2 配置了去往 N1 的静态路由,R1 没有去往 N1 的路由。如果要让 R1 通过 OSPF 学到 N1 的路由,在 R2 上可执行静态路由重分发,把静态路由转换成 OSPF 路由,通告到 OSPF 世界中,并表明自己是通告者。对于其他 OSPF 路由器,只知道通过 R2 可以到达 N1。

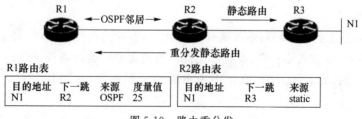

图 5-19 路由重分发

5.2.3　OTN 系统简介

光传送网络(Optical Transport Network,OTN)以波分复用技术为基础,是在光层组织网络的传送网,是下一代的骨干传送网。它基于波分复用系统架构,定义了 OTN 的封装格式、复用标准等,增强了原波分网络应用的灵活性和易维护性。OTN 系统结构如图 5-20 所示。

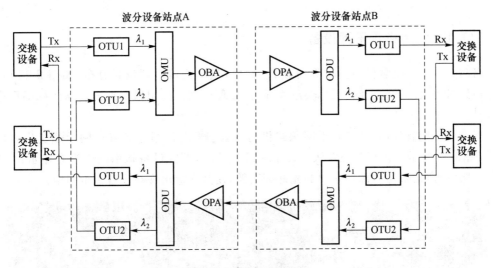

图 5-20　OTN 系统结构

(1) 光转换单元(Optical Transform Unit,OTU)

OTU 提供线路侧光模块,内有激光器,发出特定稳定的、符合波分系统标准波长的光。OTU 将客户侧接收的信息封装到对应的 OTN 帧中,送到线路侧输出。OTU 提供客户侧光模块,连接 PTN、路由器、交换机等设备。

(2) 光复用单元(Optical Multiplex Unit,OMU)

OMU 又称合波器,位于 OTU 与发射放大器之间。将从各 OTU 接收到的各个特定波长的光信号复用在一起,从出口输出。OMU 的每个接口只接收各自特定波长的光。现网中的单板能复用 40 或 80 个波长。

(3) 光解复用单元(Optical Demultiplex Unit,ODU)

ODU 又称分波器,位于接收放大器和 OTU 之间。将从光放大板收到的多路业务在光层上解复用为多个单路光并送给 OTU 的线路口。现网中的单板能解复用 40 或 80 个波长。

(4) 光放大器(Optical Amplifier,OA)

OA 将光信号放大到合理的范围。发送端光功率放大器(Optical Booster Amplifier,OBA)位于 OMU 单板之后,用于将合波光信号放大后发出。接收端光前置放大器(Optical Preamplifier,OPA)位于 ODU 单板之前,将合波光信号放大后送到 ODU 解复用。光线路放大板(Optical Line Amplifier,OLA)用于站点放大光功率。

(5) 电交叉子系统

OTN 电交叉子系统以时隙电路交换为核心,通过电路交叉配置功能,支持各类大颗粒用户业务的接入和承载,实现波长和子波长级别的灵活调度,支持任意节点任意业务处理,同时继承 OTN 网络监测、保护等各类技术，支持毫秒级的业务保护倒换。电交叉子系统的核心是交叉板，主要是根据管理配置实现业务的自由调度，完成基于颗粒的业务调度，同时完成业务板和交叉板之间告警开销和其他开销的传递功能。其需要采用光/电/光转换。

5.3 任 务 实 施

5.3.1 安装省骨干网设备

启动并登录仿真软件，选择"设备配置"标签，显示机房地理位置分布，如图 2-28 所示。鼠标移到机房气球图标上时，图标会放大显示，以便于观察。用鼠标点击气球图标即可进入相应机房。

点击设备配置界面中"省骨干网承载机房"的气球图标，显示省骨干网承载机房内部场景，如图 5-21 所示。仿真系统默认安装了光纤配线架，若在设备指示图中没有显示出 ODF 图标，可通过点击机房内部场景中的光纤配线架，使其图标出现在设备指示图中。

图 5-21 省骨干网承载机房内部场景

1. 安装省骨干网承载机房设备

（1）安装 RT

点击省骨干网承载机房内部场景中的右侧机柜（黄色箭头指示区域），进入 RT 安装界面，如图 5-22 所示。省骨干网业务为 3 个城市业务的总和，因此采用大型设备。从设备池中分别拖动 2 个大型 RT 到机柜中即可完成安装。安装成功后，设备指示图中会出现 RT1 和 RT2 的图标。

（2）安装 OTN

点击操作区左上角的返回箭头，返回省骨干网承载机房内部场景，如图 5-21 所示。点击省骨干网承载机房内部场景中的左侧机柜（黄色箭头指示区域），进入 OTN 安装界面，如

图 5-23 所示。省骨干网业务为 3 个城市业务的总和,因此采用大型设备。从设备池中拖动大型 OTN 到机柜中即可完成安装。安装成功后,设备指示图中会出现 OTN 的图标。

图 5-22　安装省骨干网承载机房路由器

图 5-23　安装省骨干网承载机房 OTN

2. 连接省骨干网承载机房设备

(1) 连接 RT1 与 RT2

RT1 与 RT2 在同一机房中,可直接相连,不需要通过 OTN 和 ODF。点击设备指示图中的任一图标显示线缆池。从线缆池中选择成对 LC-LC 光纤;点击设备指示图中的 RT1 图标打开 RT1 面板,点击 1 槽位单板的 100G 光纤端口;点击设备指示图中的 RT2 图标打开 RT2 面板,点击 1 槽位单板的 100G 光纤端口。连接结果如图 5-24 所示。

(2) 连接万绿市承载中心机房

RT1 和 RT2 分别通过 OTN 和 ODF,连接到万绿市承载中心机房,如图 5-25 所示。

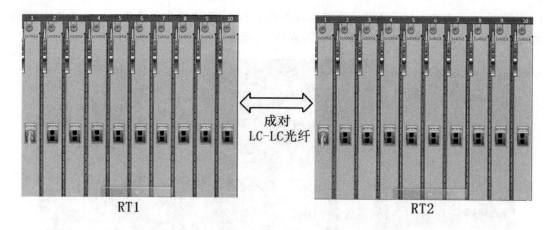

图 5-24　连接 RT1 与 RT2

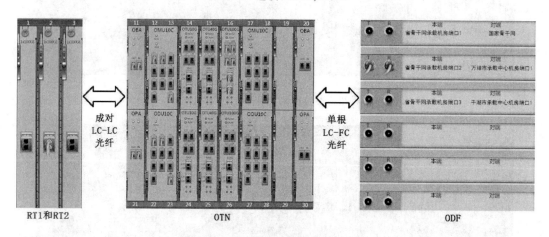

图 5-25　连接万绿市承载中心机房

①从线缆池中选择成对 LC-LC 光纤;点击设备指示图中的 RT1 图标打开 RT1 面板,点击 2 槽位单板的 100G 光纤端口;点击设备指示图中的 OTN 图标打开 OTN 面板,点击 16 槽位 OTU 单板的 C1T/C1R 端口。

②从线缆池中选择单根 LC-LC 光纤;点击 OTN 面板 16 槽位 OTU 单板的 L1T 端口;点击 OTN 面板 12、13 槽位 OMU 单板的 CH1 端口。

③从线缆池中选择成对 LC-LC 光纤;点击设备指示图中的 RT2 图标打开 RT2 面板,点击 2 槽位单板的 100G 光纤端口;点击设备指示图中的 OTN 图标打开 OTN 面板,点击 16 槽位 OTU 单板的 C2T/C2R 端口。

④从线缆池中选择单根 LC-LC 光纤;点击 OTN 面板 16 槽位 OTU 单板的 L2T 端口;点击 OTN 面板 12、13 槽位 OMU 单板的 CH2 端口。

⑤从线缆池中选择单根 LC-LC 光纤;点击 OTN 面板 12、13 槽位 OMU 单板的 OUT 端口;点击 OTN 面板 11 槽位 OBA 单板的 IN 端口。

⑥从线缆池中选择单根 LC-FC 光纤;点击 OTN 面板 11 槽位 OBA 单板的 OUT 端口;点击设备指示图中的 ODF 图标打开 ODF,点击连接万绿市承载中心机房的 T 端口。

⑦从线缆池中选择单根 LC-FC 光纤;点击 ODF 中连接万绿市承载中心机房的 R 端口;点击设备指示图中的 OTN 图标打开 OTN 面板,点击 OTN 面板 21 槽位 OPA 单板的

IN 端口。

⑧ 从线缆池中选择单根 LC-LC 光纤,点击 OTN 面板 21 槽位 OPA 单板的 OUT 端口;点击 OTN 面板 22、23 槽位 ODU 单板的 IN 端口。

⑨ 从线缆池中选择单根 LC-LC 光纤;点击 OTN 面板 22、23 槽位 ODU 单板的 CH1 端口;点击 OTN 面板 16 槽位 OTU 单板的 L1R 端口。

⑩ 从线缆池中选择单根 LC-LC 光纤;点击 OTN 面板 22、23 槽位 ODU 单板的 CH2 端口;点击 OTN 面板 16 槽位 OTU 单板的 L2R 端口。

到这里,省骨干网承载机房的设备已经安装连接完毕,操作区右上方设备指示图中会显示出当前机房的设备连接情况,如图 5-26 所示。

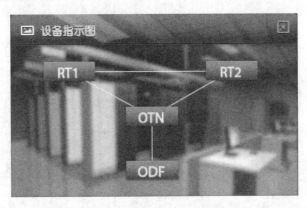

图 5-26 省骨干网承载机房设备的连接

5.3.2 安装承载网核心层设备

从操作区右上角下拉菜单中选择"万绿市承载中心机房"菜单项,显示万绿市承载中心机房内部场景,如图 5-27 所示。仿真系统默认安装了光纤配线架,若在设备指示图中没有显示出 ODF 图标,可通过点击机房内部场景中的光纤配线架,使其图标出现在设备指示图中。

图 5-27 万绿市承载中心机房内部场景

1．安装万绿市承载中心机房设备

（1）安装 RT

点击万绿市承载中心机房内部场景中的左侧机柜（黄色箭头指示区域），进入 RT 安装界面，如图 5-28 所示。万绿市为人口密集的大型城市，因此采用大型设备。从设备池中分别拖动 2 个大型 RT 到机柜中即可完成安装。安装成功后，设备指示图中会出现 RT1 和 RT2 的图标。

图 5-28　安装万绿市承载中心机房路由器

（2）安装 OTN

点击操作区左上角的返回箭头，返回万绿市承载中心机房内部场景，如图 5-27 所示。点击万绿市承载中心机房内部场景中的右侧机柜（黄色箭头指示区域），进入 OTN 安装界面，如图 5-29 所示。万绿市为人口密集的大型城市，因此采用大型设备。从设备池中拖动大型 OTN 到机柜中即可完成安装。安装成功后，设备指示图中会出现 OTN 的图标。

图 5-29　安装万绿市承载中心机房 OTN

2．连接万绿市承载中心机房设备

（1）连接 RT1 与 RT2

RT1 与 RT2 在同一机房中，可直接相连，不需要通过 OTN 和 ODF。点击设备指示图中的任一图标显示线缆池。从线缆池中选择成对 LC-LC 光纤；点击设备指示图中的 RT1 图标打开 RT1 面板，点击 1 槽位单板的 100G 光纤端口；点击设备指示图中的 RT2 图标打开 RT2 面板，点击 1 槽位单板的 100G 光纤端口。连接结果如图 5-24 所示。

（2）连接省骨干网承载机房

RT1 和 RT2 分别通过 OTN 和 ODF，连接到省骨干网承载机房，如图 5-30 所示。

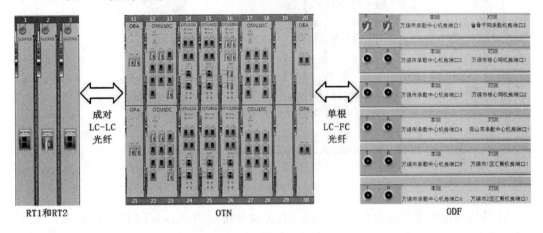

图 5-30　连接省骨干网承载机房

① 从线缆池中选择成对 LC-LC 光纤；点击设备指示图中的 RT1 图标打开 RT1 面板，点击 2 槽位单板的 100G 光纤端口；点击设备指示图中的 OTN 图标打开 OTN 面板，点击 16 槽位 OTU 单板的 C1T/C1R 端口。

② 从线缆池中选择单根 LC-LC 光纤；点击 OTN 面板 16 槽位 OTU 单板的 L1T 端口；点击 OTN 面板 12、13 槽位 OMU 单板的 CH1 端口。

③ 从线缆池中选择成对 LC-LC 光纤；点击设备指示图中的 RT2 图标打开 RT2 面板，点击 2 槽位单板的 100G 光纤端口；点击设备指示图中的 OTN 图标打开 OTN 面板，点击 16 槽位 OTU 单板的 C2T/C2R 端口。

④ 从线缆池中选择单根 LC-LC 光纤；点击 OTN 面板 16 槽位 OTU 单板的 L2T 端口；点击 OTN 面板 12、13 槽位 OMU 单板的 CH2 端口。

⑤ 从线缆池中选择单根 LC-LC 光纤；点击 OTN 面板 12、13 槽位 OMU 单板的 OUT 端口；点击 OTN 面板 11 槽位 OBA 单板的 IN 端口。

⑥ 从线缆池中选择单根 LC-FC 光纤；点击 OTN 面板 11 槽位 OBA 单板的 OUT 端口；点击设备指示图中的 ODF 图标打开 ODF，点击连接省骨干网承载机房的 T 端口。

⑦ 从线缆池中选择单根 LC-FC 光纤；点击 ODF 中连接省骨干网承载机房的 R 端口；点击设备指示图中的 OTN 图标打开 OTN 面板，点击 OTN 面板 21 槽位 OPA 单板的 IN 端口。

⑧ 从线缆池中选择单根 LC-LC 光纤，点击 OTN 面板 21 槽位 OPA 单板的 OUT 端口；点击 OTN 面板 22、23 槽位 ODU 单板的 IN 端口。

⑨ 从线缆池中选择单根 LC-LC 光纤；点击 OTN 面板 22、23 槽位 ODU 单板的 CH1 端口；点击 OTN 面板 16 槽位 OTU 单板的 L1R 端口。

⑩ 从线缆池中选择单根 LC-LC 光纤；点击 OTN 面板 22、23 槽位 ODU 单板的 CH2 端口；点击 OTN 面板 16 槽位 OTU 单板的 L2R 端口。

（3）连接万绿市 2 区汇聚机房

RT1 通过 OTN 和 ODF，连接到万绿市 2 区汇聚机房，如图 5-31 所示。

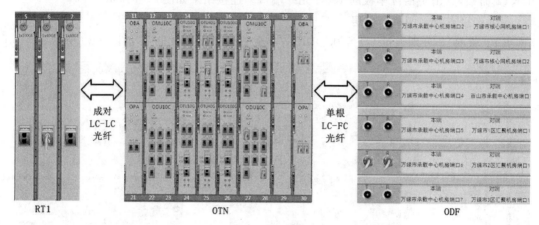

图 5-31　连接万绿市 2 区汇聚机房

① 从线缆池中选择成对 LC-LC 光纤；点击设备指示图中的 RT1 图标打开 RT1 面板，点击 6 槽位单板的 40G 光纤端口；点击设备指示图中的 OTN 图标打开 OTN 面板，点击 15 槽位 OTU 单板的 C1T/C1R 端口。

② 从线缆池中选择单根 LC-LC 光纤；点击 OTN 面板 15 槽位 OTU 单板的 L1T 端口；点击 OTN 面板 17、18 槽位 OMU 单板的 CH1 端口。

③ 从线缆池中选择单根 LC-LC 光纤；点击 OTN 面板 17、18 槽位 OMU 单板的 OUT 端口；点击 OTN 面板 20 槽位 OBA 单板的 IN 端口。

④ 从线缆池中选择单根 LC-FC 光纤；点击 OTN 面板 20 槽位 OBA 单板的 OUT 端口；点击设备指示图中的 ODF 图标打开 ODF，点击连接万绿市 2 区汇聚机房的 T 端口。

⑤ 从线缆池中选择单根 LC-FC 光纤；点击 ODF 中连接万绿市 2 区汇聚机房的 R 端口；点击设备指示图中的 OTN 图标打开 OTN 面板，点击 OTN 面板 30 槽位 OPA 单板的 IN 端口。

⑥ 从线缆池中选择单根 LC-LC 光纤；点击 OTN 面板 30 槽位 OPA 单板的 OUT 端口；点击 OTN 面板 27、28 槽位 ODU 单板的 IN 端口。

⑦ 从线缆池中选择单根 LC-LC 光纤；点击 OTN 面板 27、28 槽位 ODU 单板的 CH1 端口；点击 OTN 面板 15 槽位 OTU 单板的 L1R 端口。

（4）连接万绿市 3 区汇聚机房

RT2 通过 OTN 和 ODF，连接到万绿市 3 区汇聚机房，如图 5-32 所示。

① 从线缆池中选择成对 LC-LC 光纤；点击设备指示图中的 RT2 图标打开 RT2 面板，点击 6 槽位单板的 40G 光纤端口；点击设备指示图中的 OTN 图标打开 OTN 面板，点击 35 槽位 OTU 单板的 C1T/C1R 端口。

② 从线缆池中选择单根 LC-LC 光纤；点击 OTN 面板 35 槽位 OTU 单板的 L1T 端口；

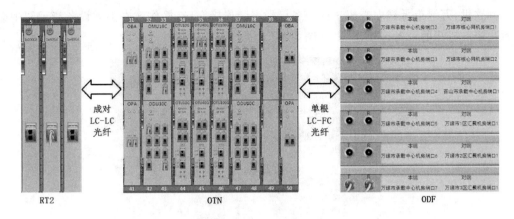

图 5-32 连接万绿市 3 区汇聚机房

点击 OTN 面板 32、33 槽位 OMU 单板的 CH1 端口。

③ 从线缆池中选择单根 LC-LC 光纤；点击 OTN 面板 32、33 槽位 OMU 单板的 OUT 端口；点击 OTN 面板 31 槽位 OBA 单板的 IN 端口。

④ 从线缆池中选择单根 LC-FC 光纤；点击 OTN 面板 31 槽位 OBA 单板的 OUT 端口；点击设备指示图中的 ODF 图标打开 ODF，点击连接万绿市 3 区汇聚机房的 T 端口。

⑤ 从线缆池中选择单根 LC-FC 光纤；点击 ODF 中连接万绿市 3 区汇聚机房的 R 端口；点击设备指示图中的 OTN 图标打开 OTN 面板，点击 OTN 面板 41 槽位 OPA 单板的 IN 端口。

⑥ 从线缆池中选择单根 LC-LC 光纤，点击 OTN 面板 41 槽位 OPA 单板的 OUT 端口；点击 OTN 面板 42、43 槽位 ODU 单板的 IN 端口。

⑦ 从线缆池中选择单根 LC-LC 光纤；点击 OTN 面板 42、43 槽位 ODU 单板的 CH1 端口；点击 OTN 面板 35 槽位 OTU 单板的 L1R 端口。

（5）连接万绿市核心网机房

万绿市承载中心机房中的 RT1 与万绿市核心网机房相连，两机房相距较近，不需要使用 OTN，通过 ODF 连接即可。点击设备指示图中的任一图标显示线缆池。从线缆池中选择成对 LC-FC 光纤；点击设备指示图中的 RT1 图标打开 RT1 面板，点击 3 槽位单板的 100G 光纤端口；点击设备指示图中的 ODF 图标打开 ODF，点击连接万绿市核心网机房的端口。连接结果如图 5-33 所示。

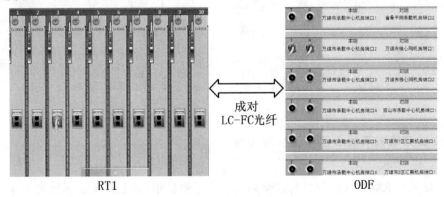

图 5-33 连接万绿市核心网机房

到这里,万绿市承载中心机房的设备已经安装连接完毕,操作区右上方设备指示图中会显示出当前机房的设备连接情况,如图 5-34 所示。

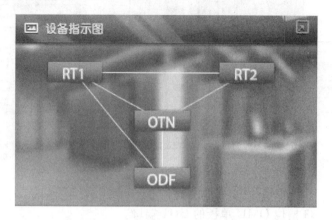

图 5-34　万绿市承载中心机房设备的连接

5.3.3　安装承载网汇聚层设备

万绿市承载网汇聚层包括 1 区、2 区和 3 区 3 个机房,室内设备布局相同,下面以汇聚 2 区为例对机房内部场景进行说明。从操作区右上角下拉菜单中选择"万绿市承载 2 区汇聚机房"菜单项,显示万绿市承载 2 区汇聚机房内部场景,如图 5-35 所示。仿真系统默认安装了光纤配线架,若在设备指示图中没有显示出 ODF 图标,可通过点击机房内部场景中的光纤配线架,使其图标出现在设备指示图中。

图 5-35　万绿市承载 2 区汇聚机房内部场景

1. 安装万绿市承载 2 区汇聚机房设备

(1) 安装 PTN

点击万绿市承载 2 区汇聚机房内部场景中的左侧机柜(黄色箭头指示区域),进入 PTN 安装界面,如图 5-36 所示。从设备池中拖动中型 PTN 到机柜中即可完成安装。安装成功后,设备指示图中会出现 PTN1 的图标。

图 5-36　安装万绿市承载 2 区汇聚机房 PTN

（2）安装 OTN

点击操作区左上角的返回箭头,返回万绿市承载 2 区汇聚机房内部场景。点击万绿市承载 2 区汇聚机房内部场景中的右侧机柜（黄色箭头指示区域）,进入 OTN 安装界面,如图 5-37 所示。从设备池中拖动中型 OTN 到机柜中即可完成安装。安装成功后,设备指示图中会出现 OTN 的图标。

图 5-37　安装万绿市承载 2 区汇聚机房 OTN

2. 连接万绿市承载 2 区汇聚机房设备

（1）连接万绿市承载中心机房

PTN1 通过 OTN 和 ODF,连接到万绿市承载中心机房,如图 5-38 所示。

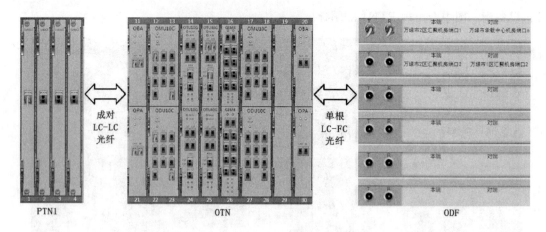

图 5-38　连接万绿市承载中心机房

① 从线缆池中选择成对 LC-LC 光纤；点击设备指示图中的 PTN1 图标打开 PTN1 面板，点击 1 槽位单板的 40G 光纤端口；点击设备指示图中的 OTN 图标打开 OTN 面板，点击 15 槽位 OTU 单板的 C1T/C1R 端口。

② 从线缆池中选择单根 LC-LC 光纤；点击 OTN 面板 15 槽位 OTU 单板的 L1T 端口；点击 OTN 面板 12、13 槽位 OMU 单板的 CH1 端口。

③ 从线缆池中选择单根 LC-LC 光纤；点击 OTN 面板 12、13 槽位 OMU 单板的 OUT 端口；点击 OTN 面板 11 槽位 OBA 单板的 IN 端口。

④ 从线缆池中选择单根 LC-FC 光纤；点击 OTN 面板 11 槽位 OBA 单板的 OUT 端口；点击设备指示图中的 ODF 图标打开 ODF，点击连接万绿市承载中心机房的 T 端口。

⑤ 从线缆池中选择单根 LC-FC 光纤；点击 ODF 中连接万绿市承载中心机房的 R 端口；点击设备指示图中的 OTN 图标打开 OTN 面板，点击 OTN 面板 21 槽位 OPA 单板的 IN 端口。

⑥ 从线缆池中选择单根 LC-LC 光纤，点击 OTN 面板 21 槽位 OPA 单板的 OUT 端口；点击 OTN 面板 22、23 槽位 ODU 单板的 IN 端口。

⑦ 从线缆池中选择单根 LC-LC 光纤；点击 OTN 面板 22、23 槽位 ODU 单板的 CH1 端口；点击 OTN 面板 15 槽位 OTU 单板的 L1R 端口。

（2）连接万绿市承载 1 区汇聚机房

PTN1 通过 OTN 和 ODF，连接到万绿市承载 1 区汇聚机房，如图 5-39 所示。

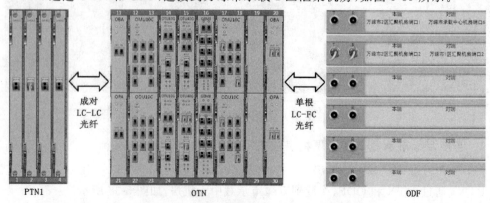

图 5-39　连接万绿市承载 1 区汇聚机房

① 从线缆池中选择成对 LC-LC 光纤;点击设备指示图中的 PTN1 图标打开 PTN1 面板,点击 2 槽位单板的 40G 光纤端口;点击设备指示图中的 OTN 图标打开 OTN 面板,点击 25 槽位 OTU 单板的 C1T/C1R 端口。

② 从线缆池中选择单根 LC-LC 光纤;点击 OTN 面板 25 槽位 OTU 单板的 L1T 端口;点击 OTN 面板 17、18 槽位 OMU 单板的 CH1 端口。

③ 从线缆池中选择单根 LC-LC 光纤;点击 OTN 面板 17、18 槽位 OMU 单板的 OUT 端口;点击 OTN 面板 20 槽位 OBA 单板的 IN 端口。

④ 从线缆池中选择单根 LC-FC 光纤;点击 OTN 面板 20 槽位 OBA 单板的 OUT 端口;点击设备指示图中的 ODF 图标打开 ODF,点击连接万绿市承载 1 区汇聚机房的 T 端口。

⑤ 从线缆池中选择单根 LC-FC 光纤;点击 ODF 中连接万绿市承载 1 区汇聚机房的 R 端口;点击设备指示图中的 OTN 图标打开 OTN 面板,点击 OTN 面板 30 槽位 OPA 单板的 IN 端口。

⑥ 从线缆池中选择单根 LC-LC 光纤,点击 OTN 面板 30 槽位 OPA 单板的 OUT 端口;点击 OTN 面板 27、28 槽位 ODU 单板的 IN 端口。

⑦ 从线缆池中选择单根 LC-LC 光纤;点击 OTN 面板 27、28 槽位 ODU 单板的 CH1 端口;点击 OTN 面板 25 槽位 OTU 单板的 L1R 端口。

到这里,万绿市承载 2 区汇聚机房的设备已经安装连接完毕,操作区右上方设备指示图中会显示出当前机房的设备连接情况,如图 5-40 所示。万绿市承载 3 区汇聚机房的设备配置与之相同,此处不再重述。

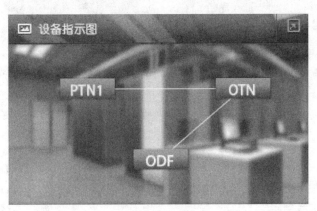

图 5-40 万绿市承载 2 区汇聚机房设备的连接

3. 安装万绿市承载 1 区汇聚机房设备

(1) 安装 RT 和 PTN

进入万绿市承载 1 区汇聚机房,点击机房内部场景中的左侧机柜(黄色箭头指示区域),进入 RT 和 PTN 安装界面,如图 5-41 所示。从设备池中分别拖动 1 个中型 RT 和 1 个中型 PTN 到机柜中即可完成安装。安装成功后,设备指示图中会出现 RT1 和 PTN2 的图标。

(2) 安装 OTN

点击操作区左上角的返回箭头,返回万绿市承载 1 区汇聚机房内部场景。点击万绿市承载 1 区汇聚机房内部场景中的右侧机柜(黄色箭头指示区域),进入 OTN 安装界面,如图 5-42 所示。从设备池中拖动中型 OTN 到机柜中即可完成安装。安装成功后,设备指示图中会出现 OTN 的图标。

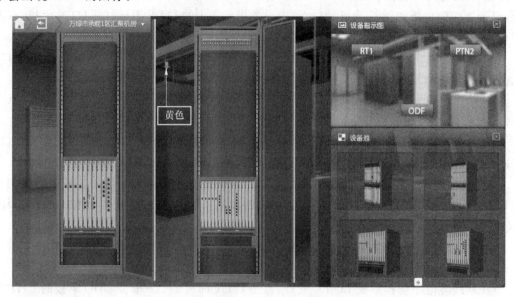

图 5-41　安装万绿市承载 1 区汇聚机房 RT 和 PTN

图 5-42　安装万绿市承载 1 区汇聚机房 OTN

4. 连接万绿市承载 1 区汇聚机房设备

（1）连接 RT1 与 PTN2

RT1 与 PTN2 在同一机房中，可直接相连，不需要通过 OTN 和 ODF。点击设备指示图中的任一图标显示线缆池。从线缆池中选择成对 LC-LC 光纤；点击设备指示图中的 RT1 图标打开 RT1 面板，点击 1 槽位单板的 40G 光纤端口；点击设备指示图中的 PTN2 图标打开 PTN2 面板，点击 1 槽位单板的 40G 光纤端口。连接结果如图 5-43 所示。

（2）连接万绿市 2 区汇聚机房

RT1 通过 OTN 和 ODF，连接到万绿市 2 区汇聚机房，如图 5-44 所示。

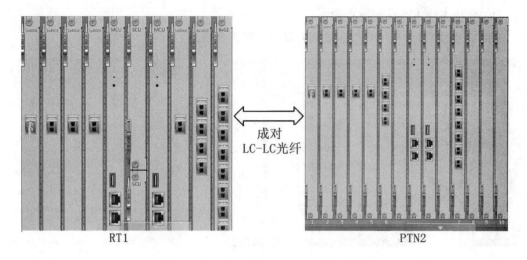

图 5-43　连接 RT1 与 PTN2

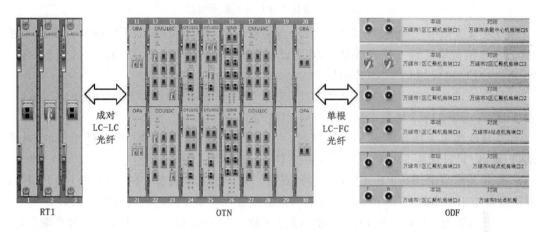

图 5-44　连接万绿市 2 区汇聚机房

① 从线缆池中选择成对 LC-LC 光纤;点击设备指示图中的 RT1 图标打开 RT1 面板,点击 2 槽位单板的 40G 光纤端口;点击设备指示图中的 OTN 图标打开 OTN 面板,点击 15 槽位 OTU 单板的 C1T/C1R 端口。

② 从线缆池中选择单根 LC-LC 光纤;点击 OTN 面板 15 槽位 OTU 单板的 L1T 端口;点击 OTN 面板 12、13 槽位 OMU 单板的 CH1 端口。

③ 从线缆池中选择单根 LC-LC 光纤;点击 OTN 面板 12、13 槽位 OMU 单板的 OUT 端口;点击 OTN 面板 11 槽位 OBA 单板的 IN 端口。

④ 从线缆池中选择单根 LC-FC 光纤;点击 OTN 面板 11 槽位 OBA 单板的 OUT 端口;点击设备指示图中的 ODF 图标打开 ODF,点击连接万绿市 2 区汇聚机房的 T 端口。

⑤ 从线缆池中选择单根 LC-FC 光纤;点击 ODF 中连接万绿市 2 区汇聚机房的 R 端口;点击设备指示图中的 OTN 图标打开 OTN 面板,点击 OTN 面板 21 槽位 OPA 单板的 IN 端口。

⑥ 从线缆池中选择单根 LC-LC 光纤,点击 OTN 面板 21 槽位 OPA 单板的 OUT 端口;点击 OTN 面板 22、23 槽位 ODU 单板的 IN 端口。

⑦ 从线缆池中选择单根 LC-LC 光纤;点击 OTN 面板 22、23 槽位 ODU 单板的 CH1 端口;点击 OTN 面板 15 槽位 OTU 单板的 L1R 端口。

（3）连接万绿市 3 区汇聚机房

PTN2 通过 OTN 和 ODF，连接到万绿市 3 区汇聚机房，如图 5-45 所示。

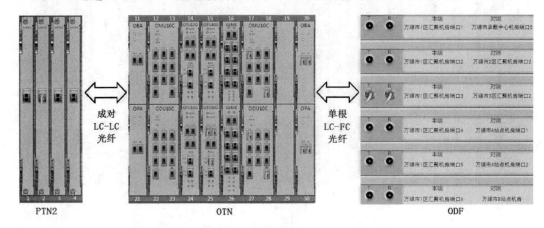

图 5-45　连接万绿市 3 区汇聚机房

① 从线缆池中选择成对 LC-LC 光纤；点击设备指示图中的 PTN2 图标打开 PTN2 面板，点击 2 槽位单板的 40G 光纤端口；点击设备指示图中的 OTN 图标打开 OTN 面板，点击 25 槽位 OTU 单板的 C1T/C1R 端口。

② 从线缆池中选择单根 LC-LC 光纤；点击 OTN 面板 25 槽位 OTU 单板的 L1T 端口；点击 OTN 面板 17、18 槽位 OMU 单板的 CH1 端口。

③ 从线缆池中选择单根 LC-LC 光纤；点击 OTN 面板 17、18 槽位 OMU 单板的 OUT 端口；点击 OTN 面板 20 槽位 OBA 单板的 IN 端口。

④ 从线缆池中选择单根 LC-FC 光纤；点击 OTN 面板 20 槽位 OBA 单板的 OUT 端口；点击设备指示图中的 ODF 图标打开 ODF，点击连接万绿市 3 区汇聚机房的 T 端口。

⑤ 从线缆池中选择单根 LC-FC 光纤；点击 ODF 中连接万绿市 3 区汇聚机房的 R 端口；点击设备指示图中的 OTN 图标打开 OTN 面板，点击 OTN 面板 30 槽位 OPA 单板的 IN 端口。

⑥ 从线缆池中选择单根 LC-LC 光纤，点击 OTN 面板 30 槽位 OPA 单板的 OUT 端口；点击 OTN 面板 27、28 槽位 ODU 单板的 IN 端口。

⑦ 从线缆池中选择单根 LC-LC 光纤；点击 OTN 面板 27、28 槽位 ODU 单板的 CH1 端口；点击 OTN 面板 25 槽位 OTU 单板的 L1R 端口。

（4）连接万绿市 B 站点机房

万绿市承载 1 区汇聚机房中的 RT1 与万绿市 B 站点机房相连，两机房相距较近，不需要使用 OTN，通过 ODF 连接即可。点击设备指示图中的任一图标显示线缆池。从线缆池中选择成对 LC-FC 光纤；点击设备指示图中的 RT1 图标打开 RT1 面板，点击 6 槽位单板上方的 10G 光纤端口；点击设备指示图中的 ODF 图标打开 ODF，点击连接万绿市 B 站点机房的端口。连接结果如图 5-46 所示。

（5）连接万绿市 C 站点机房

万绿市承载 1 区汇聚机房中的 PTN2 与万绿市 C 站点机房相连，两机房相距较近，不需要使用 OTN，通过 ODF 连接即可。点击设备指示图中的任一图标显示线缆池。从线缆池中选择成对 LC-FC 光纤；点击设备指示图中的 PTN2 图标打开 PTN2 面板，点击 6 槽位单板上方的 10G 光纤端口；点击设备指示图中的 ODF 图标打开 ODF，点击连接万绿市 C 站点机房的端口。连接结果如图 5-47 所示。

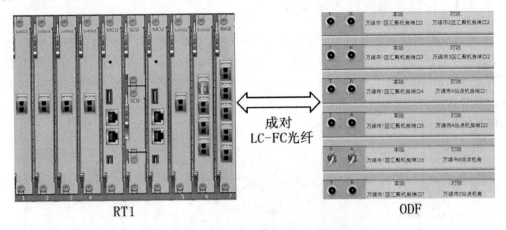

图 5-46 连接万绿市 B 站点机房

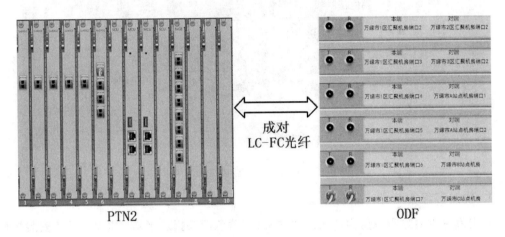

图 5-47 连接万绿市 C 站点机房

到这里,万绿市承载 1 区汇聚机房的设备已经安装连接完毕,操作区右上方设备指示图中会显示出当前机房的设备连接情况,如图 5-48 所示。

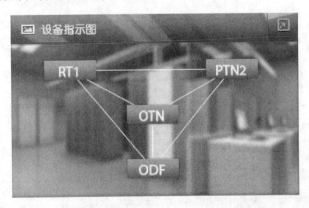

图 5-48 万绿市承载 1 区汇聚机房设备的连接

5.3.4 安装承载网接入层设备

万绿市承载网接入层包括 A 站点、B 站点和 C 站点 3 个机房，室内设备布局相同，下面以 B 站点为例对机房内部场景进行说明。从操作区右上角下拉菜单中选择"万绿市 B 站点机房"菜单项，显示万绿市 B 站点机房内部场景，如图 5-49 所示。仿真系统默认安装了光纤配线架，若在设备指示图中没有显示出 ODF 图标，可通过点击机房内部场景中的光纤配线架，使其图标出现在设备指示图中。

图 5-49   万绿市 B 站点机房内部场景

1. 安装万绿市 B 站点机房设备

点击万绿市 B 站点机房内部场景中的机柜（黄色箭头指示区域），进入 PTN 安装界面，如图 5-50 所示。从设备池中拖动小型 PTN 到机柜中即可完成安装。安装成功后，设备指示图中会出现 PTN1 的图标。

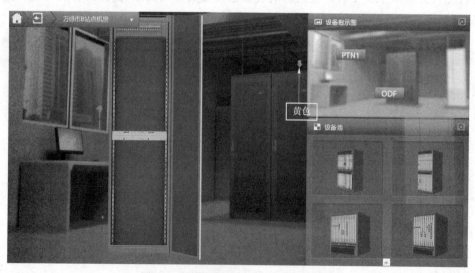

图 5-50   安装万绿市 B 站点机房 PTN

2. 连接万绿市 B 站点机房设备

(1) 连接万绿市承载 1 区汇聚机房

万绿市 B 站点机房中的 PTN1 与万绿市承载 1 区汇聚机房相连,两机房相距较近,不需要使用 OTN,通过 ODF 连接即可。点击设备指示图中的任一图标显示线缆池。从线缆池中选择成对 LC-FC 光纤;点击设备指示图中的 PTN1 图标打开 PTN1 面板,点击端口 3(10G);点击设备指示图中的 ODF 图标打开 ODF,点击去往万绿市承载 1 区汇聚机房的端口。连接结果如图 5-51 所示。

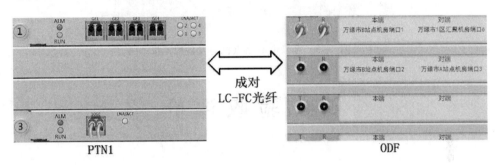

图 5-51　连接万绿市承载 1 区汇聚机房

(2) 连接万绿市 A 站点机房

万绿市 B 站点机房中的 PTN1 与万绿市 A 站点机房相连,两机房相距较近,不需要使用 OTN,通过 ODF 连接即可。从线缆池中选择成对 LC-FC 光纤;点击设备指示图中的 PTN1 图标打开 PTN1 面板,点击端口 4(10G);点击设备指示图中的 ODF 图标打开 ODF,点击去往万绿市 A 站点机房的端口。连接结果如图 5-52 所示。

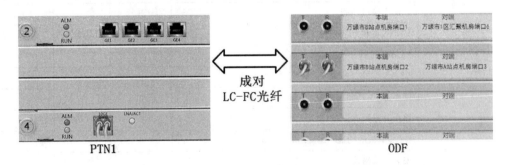

图 5-52　连接万绿市 A 站点机房

到这里,万绿市 B 站点机房的设备已经安装连接完毕,操作区右上方设备指示图中会显示出当前机房的设备连接情况,如图 5-53 所示。万绿市 C 站点机房的设备配置与之相同,万绿市 A 站点机房的设备安装连接在无线及核心网配置中已完成,此处不再重述。

到这里,万绿市承载网的设备已经安装连接完毕,千湖市和百山市承载网的设备安装连接方法与万绿市相同,可根据图 6-1 和图 6-2 进行配置,此处不再重述。

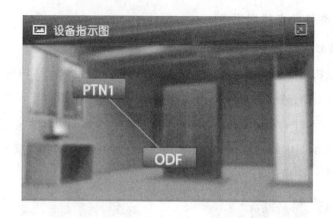

图 5-53 万绿市 B 站点机房设备的连接

5.4 验收评价

5.4.1 任务实施评价

"安装承载网设备"任务评价如表 5-1 所示。

表 5-1 "安装承载网设备"任务评价

任务 5 安装承载网设备					
班级			小组		
评价要点	评价内容		分值	得分	备注
基础知识 （40 分）	明确工作任务和目标		5		
	二层交换机功能		5		
	VLAN 的概念和作用		5		
	VLAN 的划分方法		5		
	VLAN 的端口模式		5		
	路由、路由器和路由表		5		
	路由的分类		5		
	OTN 单板的功能		5		
任务实施 （50 分）	安装承载网设备		25		
	连接承载网设备		25		
操作规范 （10 分）	按规范操作，防止损坏仪器仪表		5		
	保持环境卫生，注意用电安全		5		
合计			100		

5.4.2 思考与练习题

1. 以太网二层交换机具备哪 3 个基本功能？

2. 二层交换的主要缺点是什么？

3. 什么是虚拟局域网？

4. VLAN 有哪些划分方法？

5. 简述 VLAN 的端口模式。

6. 什么是路由和路由器？

7. 简述路由表的结构。

8. 什么是直连路由、静态路由、缺省路由、动态路由？

9. 什么是最长匹配原则？

10. 什么是路由重分发？

任务6 配置承载网数据

【学习目标】

◇ 了解单臂路由的工作原理。

◇ 熟悉三层交换机的结构和工作原理。

◇ 掌握 LTE 承载网数据配置的步骤和内容。

6.1 任 务 描 述

根据规划正确配置承载网数据,测试承载网连通情况是 4G 移动网络建设重要的一步,也是拓展移动系统的关键。本次任务使用仿真软件完成承载网机房的数据配置及连通测试,为后续与无线及核心网的对接打下基础。数据配置与测试针对万绿、千湖和百山 3 座城市进行。其中,万绿市位于平原,是移动用户数量在 1 000 万以上的大型人口密集城市;千湖市四周为湖泊,是移动用户数量在 500 万~1 000 万的中型城区城市;百山市位于山区,是移动用户数量在 500 万以下的小型城郊城市。

本次 4G 承载网规划共涉及了 15 个机房,分为接入、汇聚、核心三层及省骨干网。接入层有 5 个机房,即万绿市 A 站点机房、万绿市 B 站点机房、万绿市 C 站点机房、千湖市 A 站点机房、百山市 A 站点机房;汇聚层有 6 个机房,即万绿市承载 1 区汇聚机房、万绿市承载 2 区汇聚机房、万绿市承载 3 区汇聚机房、千湖市承载 1 区汇聚机房、千湖市承载 2 区汇聚机房和百山市承载 1 区汇聚机房;核心层有 3 个机房,即万绿市承载中心机房、千湖市承载中心机房、百山市承载中心机房。其中,万绿市和千湖市承载中心机房分别与万绿市和千湖市4G 核心网相连,且均与省骨干网承载机房连接。百山市承载中心机房则通过千湖市承载中心机房连接千湖市 4G 核心网和省骨干网。光传输网端口规划和 IP 承载网地址规划如图 6-1和图 6-2 所示。图 6-1 的数据格式为"A/B/C",其中 A 为端口速率,B 为单板槽位,C 为线路接口;图 6-2 中用"方框"括起来的 IP 地址为 loopback 地址,用"圆括号"括起来的 IP 地址为与 VLAN 关联的 IP 地址,圆括号前的数字为 VLAN 的编号。

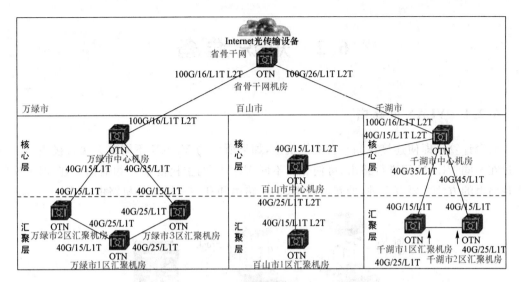

图 6-1　光传输网端口规划

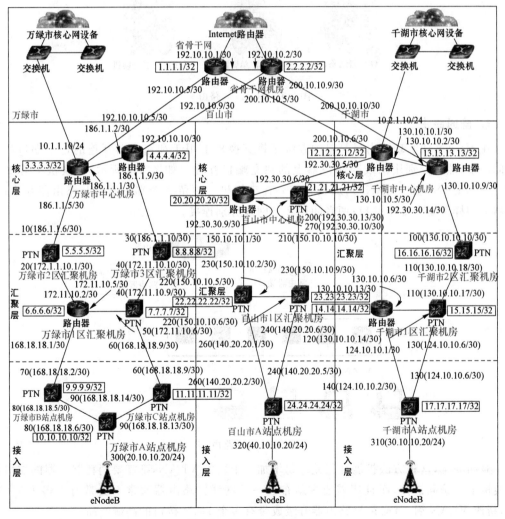

图 6-2　IP 承载网地址规划

6.2 知识准备

6.2.1 VLAN 间路由

两台计算机即使连接在同一台交换机上,如果所属的 VLAN 不同也无法直接通信。但通过在不同 VLAN 间进行路由,可使分属不同 VLAN 的主机能够互相通信。在 VLAN 间实现路由的方法主要有 3 种,即普通路由、单臂路由和利用三层交换机路由,如图 6-3 所示。

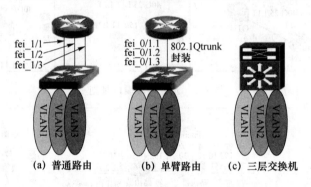

图 6-3   VLAN 间路由

1. 普通路由

在 VLAN 间实现路由最简单的方法是将交换机上用于和路由器互连的每个端口设为访问链接,然后分别用网线与路由器上的独立端口互连。如图 6-4 所示,交换机上有 2 个 VLAN(VLAN1 和 VLAN2),那么就需要在交换机上预留 2 个端口用于与路由器互连;路由器上同样需要有 2 个端口;两者间用 2 条网线分别连接。

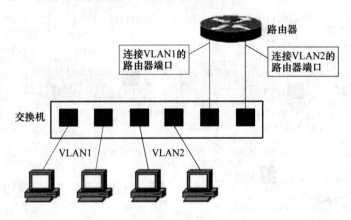

图 6-4   普通路由

显而易见,这种方法扩展性很差。每增加一个新的 VLAN,都需要消耗路由器的端口和交换机上的访问链接,而且还需要重新布设一条网线。路由器通常不会带有太多 LAN 接口,新建 VLAN 后,就必须将路由器升级成带有多个 LAN 接口的高端产品。

2．单臂路由

路由器与交换机只用一条网线连接，通过子接口（Sub Interface）与 VLAN 对应并实现 VLAN 间路由的方法称为"单臂路由"，如图 6-5 所示。将用于连接路由器的交换机端口设定为汇聚链接，路由器上的端口必须支持汇聚链路，双方用于汇聚链路的协议也要相同。在路由器上定义对应各个 VLAN 的子接口。尽管实际与交换机连接的物理端口只有一个，但在逻辑上被分割为多个虚拟端口。VLAN 将交换机从逻辑上分割成了多台，因而用于 VLAN 间路由的路由器，也必须拥有分别对应各个 VLAN 的虚拟接口。

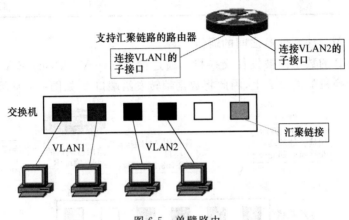

图 6-5　单臂路由

若采用这种方法，即使之后在交换机上新建 VLAN，仍只需要一条网线连接交换机和路由器。用户只需要在路由器上新设一个对应新 VLAN 的子接口就可以了。与前面的方法相比，此方法扩展性要强得多，也不用担心需要升级 LAN 接口数目不足的路由器或是重新布线。

单臂路由示例如图 6-6 所示。图中 VLAN1 的网络地址为 192.168.1.0/24，VLAN2 的网络地址为 192.168.2.0/24，各计算机的 MAC 地址分别为 A/B/C/D，路由器汇聚链接端口的 MAC 地址为 R。交换机通过对各端口所连接计算机 MAC 地址的学习，生成 MAC 地址列表，如表 6-1 所示。

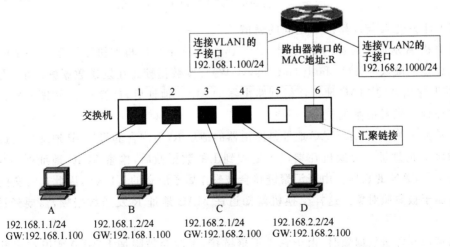

图 6-6　单臂路由示例

表 6-1　MAC 地址列表

端　口	MAC 地址	VLAN
1	A	1
2	B	1
3	C	2
4	D	2
5	—	—
6	R	汇聚

（1）计算机 A 与计算机 B 之间的通信

目标地址为 B 的数据帧被发往交换机。通过检索同一 VLAN 的 MAC 地址列表发现计算机 B 连在交换机的端口 2 上，因此将数据帧转发给端口 2，如图 6-7 所示。

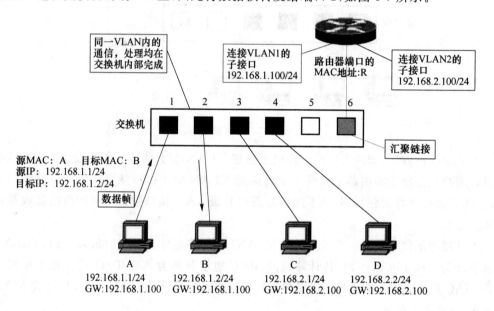

图 6-7　单臂路由方式 VLAN 内主机通信

（2）计算机 A 与计算机 C 之间的通信

计算机 A 从通信目标的 IP 地址（192.168.2.1）得出 C 与本机不属于同一个网段。因此会向设定的默认网关（Default Gateway，GW）转发数据帧。在发送数据帧之前，需要先用 ARP 获取路由器的 MAC 地址。得到路由器的 MAC 地址后，计算机 A 按图 6-8 所示步骤发送去往计算机 C 的数据帧。

①的数据帧中，目标 MAC 地址是路由器的地址 R，但内含的目标 IP 地址仍是最终要通信的对象 C 的地址。交换机在端口 1 上收到①的数据帧后，检索 MAC 地址列表与端口 1 同属一个 VLAN 的表项。由于汇聚链路会被看作属于所有的 VLAN，因此这时交换机的端口 6 也属于被参照对象。这样交换机就知道往 MAC 地址 R 发送数据帧，需要经过端口 6 转发。

从端口 6 发送数据帧时，由于它是汇聚链接，因此会被附加上 VLAN 识别信息。由于原先是来自 VLAN1 的数据帧，因此被加上 VLAN1 的识别信息后进入汇聚链路，如图 6-8

中②所示。路由器收到②的数据帧后,确认其 VLAN 识别信息,由于它是属于 VLAN1 的数据帧,因此交由负责 VLAN1 的子接口接收。

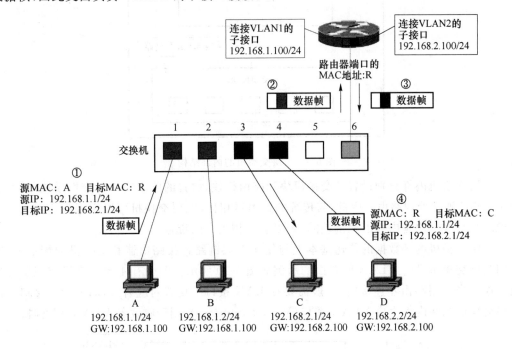

图 6-8　单臂路由方式 VLAN 间主机通信

接着,根据路由器内部的路由表,判断该向哪里中继。由于目标网络 192.168.2.0/24 是 VLAN2,且该网络通过子接口与路由器直连,因此只要负责 VLAN2 的子接口转发就可以了。这时,数据帧的目标 MAC 地址被改写成计算机 C 的目标地址,并且由于需要经过汇聚链路转发,被附加了属于 VLAN2 的识别信息。这就是图 6-8 中③的数据帧。

交换机收到③的数据帧后,根据 VLAN 标识信息从 MAC 地址列表中检索属于 VLAN2 的表项。由于通信目标计算机 C 连接在端口 3 上,且端口 3 为普通的访问链接,因此交换机会将数据帧除去 VLAN 标识信息后(数据帧④)转发给端口 3,最终计算机 C 才能成功地收到这个数据帧。

进行 VLAN 间通信时,即使双方都连接在同一台交换机上,也必须经过“发送方—交换机—路由器—交换机—接收方”这样一个流程。

3. 三层交换机

交换机使用专用硬件芯片(Application Specified Integrated Circuit,ASIC)处理数据帧的交换操作,在很多机型上都能实现以缆线速度交换。而路由器则基本上是基于软件处理的。即使以缆线速度接收到数据包,也无法在不限速的条件下转发出去,因此会成为速度瓶颈。就 VLAN 间路由而言,流量会集中到路由器和交换机互连的汇聚链路部分,这一部分尤其特别容易成为速度瓶颈。并且从硬件上看,由于需要分别设置路由器和交换机,在一些空间狭小的环境里可能连设置的场所都成问题。为了解决上述问题,三层交换机应运而生。三层交换机本质上就是“带有路由功能的二层交换机”。路由属于 OSI 参照模型中第三层网络层的功能,因此带有第三层路由功能的交换机才被称为“三层交换机”。三层交换机的内部结构如图 6-9 所示。

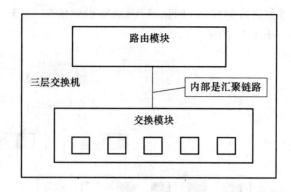

图 6-9　三层交换机的内部结构

三层交换机内部分别设置了交换模块和路由模块,内置的路由模块与交换模块相同,也使用 ASIC 硬件处理路由。因此,与传统的路由器相比,三层交换机可以实现高速路由。路由模块与交换模块是内部汇聚链接的,可以确保相当大的带宽。

三层交换机内部数据的传送基本上与使用汇聚链路连接路由器和交换机的情形相同。使用三层交换机进行 VLAN 间路由的示例如图 6-10 所示。图中有 4 台计算机与三层交换机互连。当使用路由器连接时,一般需要在 LAN 接口上设置对应各 VLAN 的子接口。而三层交换机则在内部生成 VLAN 接口(VLAN Interface),用于收发各 VLAN 的数据。

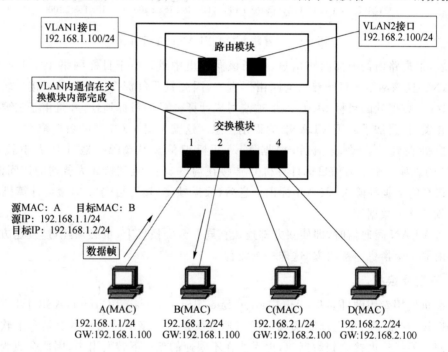

图 6-10　三层交换机示例

(1)计算机 A 与计算机 B 之间的通信

目标地址为 B 的数据帧被发往交换机。通过检索同一 VLAN 的 MAC 地址列表发现计算机 B 连在交换机的端口 2 上,因此将数据帧转发给端口 2,如图 6-11 所示。

(2)计算机 A 与计算机 C 之间的通信

针对目标 IP 地址,计算机 A 可以判断出通信对象与它不属于同一网络,因此向默认网关发送数据(Frame 1),如图 6-11 所示。

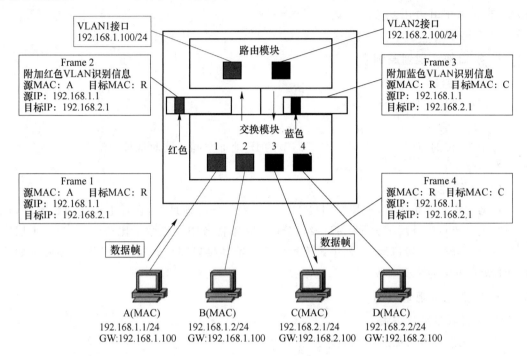

图 6-11　三层交换机方式 VLAN 间主机通信

交换机检索 MAC 地址列表后,经过内部汇聚链接,将数据帧转发给路由模块。在通过内部汇聚链路时,数据帧被附加了属于 VLAN1 的 VALN 识别信息(Frame 2)。

路由模块在收到数据帧时,先由数据帧附加的 VLAN 标识信息分辨出它属于 VLAN1,据此判断由 VLAN1 接口负责接收并进行路由处理。因为目标网络 192.168.2.0/24 是直连路由器的网络,且对应 VLAN2,因此接下来数据帧就会从 VLAN2 接口经由内部汇聚链路转发回交换模块。在通过汇聚链路时,数据帧被附加上属于 VLAN2 的识别信息(Frame 3)。

交换机收到这个帧后,在 MAC 地址列表中检索 VLAN2,确认需要将它转发给端口 3。由于端口 3 是通常的访问链接,因此转发前会先将 VLAN 识别信息除去(Frame 4)。最终,计算机 C 成功地收到交换机转来的数据帧。

整个流程与使用外部路由器时的情况十分相似,都需要经过"发送方—交换机—路由器—交换机—接收方"的流程。

6.2.2　IP 地址规划原则

在 LTE 承载网中的 PTN 和路由器设备需要分配 IP 地址,用到的地址分 3 类,即管理地址(使用 loopback 地址)、接口地址、业务地址(分配给核心网设备和 BBU 使用的地址)。地址在规划时要明确分开,各自有独立的 IP 网段,以便记忆和维护。在分配时可考虑按网络层次先分配大的网段,再根据机房和设备细分。IP 地址段按从小到大或从大到小的原则连续使用。

1. 管理地址规划原则

① loopback 地址使用 32 位掩码。

② 每台设备规划一个 loopback,与 OSPF、标签分发协议(Label Distribution Protocol,LDP)的 router-id 合用。

③ 全网唯一。

2. 接口地址规划原则

(1) 唯一性

任何接口地址必须全网唯一。

(2) 扩展性

使用 30 位的掩码 251.251.251.252,节约 IP 地址空间。同时地址分配在每一层次上都要留有余量。

(3) 连续性

现网的设备数量很多,汇聚层和接入层按汇聚环分配地址段,在环上按逆时针顺序,针对每个汇聚节点先环后链分配,由近及远分配。在本任务中节点数量比较少,可为每个层次划分一个 IP 段作为接口地址,从中再连续地分配给各接口即可。如果是 PTN,还要规划接口 VLAN,每条链路 1 个 VLAN。

3. 业务地址规划原则

① 地址数量满足需求。

② 为未来可能增加的终端做好预留。

③ 避免地址浪费。

6.2.3 路由规划原则

路由就像 IP 网络的神经系统,其规划的好坏直接决定整个网络的稳定程度和运行效率,同时还影响网络维护的工作量。因此,良好的路由规划是网络规划中非常重要的一环。路由规划包括静态路由规划和动态路由协议规划。

1. 静态路由规划

静态路由由于其配置简单,往往应用于大型网络的接入层。在使用静态路由时要注意避免由于人为配置错误而引起的路由环路。

2. 动态路由协议规划

(1) 可靠性

通过部署动态路由协议,避免网络中出现单点故障。

(2) 流量合理分布

网络流量能灵活地分配到不同路径,提高网络资源利用率和系统可靠性。

(3) 扩展性

网络扩展容易,通过增加设备和提高链路带宽就能解决。

(4) 适应业务模型变化

当网络流量特征随着业务类型的变化而产生变化时,通过合理的路由策略部署可以迅速适应这种变化。

(5) 易于维护管理

通过路由协议的部署使故障排查和流量调整的难度、复杂度降低。

6.2.4　OTN 电交叉规划

1. 使用电交叉的原因

OTN 电交叉子系统以时隙电路交换为核心,通过电路交叉配置功能,支持各类大颗粒用户业务的接入和承载,实现波长和子波长级别的灵活调度,支持任意节点任意业务处理,并可进一步节约光纤资源。当客户侧多个业务需要用同一个波长传输时,可使用电交叉,将多个业务封装到不同的 ODU 中并赋予其不同的时隙。例如,客户侧 10 个 GE 信号分配 8 个时隙,由一个 100G 速率的线路侧波长进行传输。

2. 电交叉的规划原则

① 客户侧接口的速率与线路侧时隙的 ODU 速率要一致。

② 两端的 OTN 通过电交叉传送同一业务时,业务对应的客户侧接口的速率必须一致,线路侧单板类型和时隙也必须一致。

6.3　任 务 实 施

6.3.1　配置省骨干网数据

启动并登录仿真软件,点击"数据配置"标签,从操作区右上角下拉菜单中选择"省骨干网承载机房"菜单项,进入省骨干网承载机房数据配置界面,它由"配置节点""命令导航"和"参数配置"3 个区域组成,如图 6-12 所示。"配置节点"区进行网元类别的选择;"命令导航"区可随着网元节点的切换,以树状形式显示不同的命令;"参数配置"区可根据网元节点以及命令的选择,提供对应参数的输入及修改。

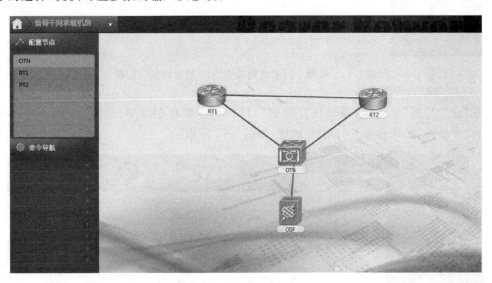

图 6-12　省骨干网承载机房数据配置界面

1. 配置省骨干网承载机房中的 OTN

在"配置节点"区选择"OTN",在"命令导航"区选择"频率配置",点击"参数配置"区中的"＋"号可添加数据,点击"参数配置"区中的"×"号可删除数据。依据规划输入参数,如图 6-13 所示。点击"确定"按钮保存数据。

图 6-13　省骨干网承载机房中 OTN 的频率配置

2. 配置省骨干网承载机房中的 RT1

（1）物理接口配置

在"配置节点"区选择"RT1",在"命令导航"区选择"物理接口配置",在"参数配置"区输入物理接口地址,如图 6-14 所示。注意,端口连线后会显示为"up"状态,此时才能进行数据配置,端口为"down"状态时不能配置数据。

图 6-14　省骨干网承载机房中 RT1 的物理接口配置

（2）逻辑接口配置

在"命令导航"区选择"逻辑接口配置",打开下一级命令菜单,选择"配置 loopback 接口",在"参数配置"区输入 loopback 地址,如图 6-15 所示。

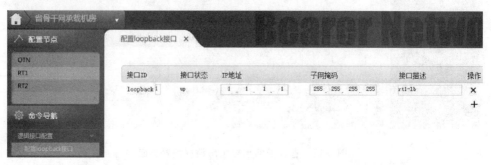

图 6-15　省骨干网承载机房中 RT1 的 loopback 地址

（3）OSPF 路由配置

① OSPF 全局配置

在"命令导航"区选择"OSPF 路由配置"，打开下一级命令菜单，选择"OSPF 全局配置"，在"参数配置"区输入 OSPF 全局参数，如图 6-16 所示。其中，router-id 就是 loopback 地址；全局 OSPF 状态应设置为"启用"。

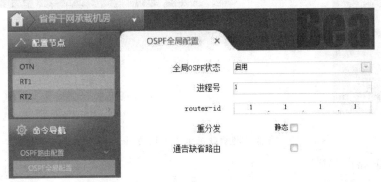

图 6-16　省骨干网承载机房中 RT1 的 OSPF 全局参数

② OSPF 接口配置

在"命令导航"区选择"OSPF 路由配置"，打开下一级命令菜单，选择"OSPF 接口配置"，在"参数配置"区输入 OSPF 接口参数，如图 6-17 所示。注意，所有接口的 OSPF 状态均应设置为"启用"。

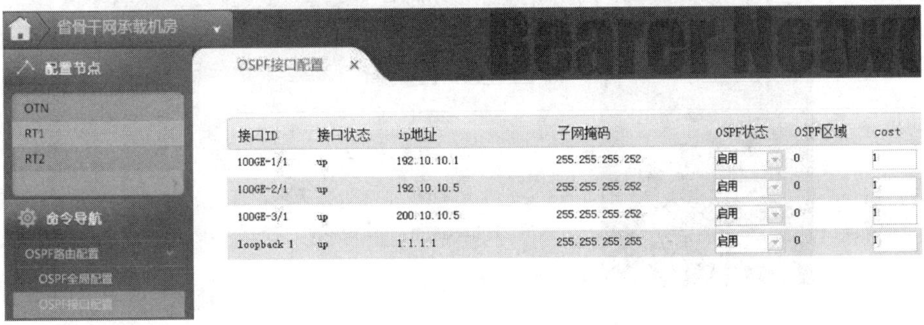

图 6-17　省骨干网承载机房中 RT1 的 OSPF 接口配置

3. 配置省骨干网承载机房中的 RT2

（1）物理接口配置

在"配置节点"区选择"RT2"，在"命令导航"区选择"物理接口配置"，在"参数配置"区输入物理接口地址，如图 6-18 所示。注意，端口连线后会显示为"up"状态，此时才能进行数据配置，端口为"down"状态时不能配置数据。

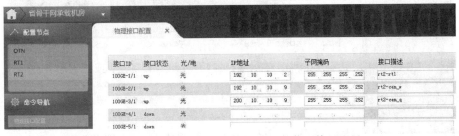

图 6-18　省骨干网承载机房中 RT2 的物理接口配置

（2）逻辑接口配置

在"命令导航"区选择"逻辑接口配置"，打开下一级命令菜单，选择"配置 loopback 接口"，在"参数配置"区输入 loopback 地址，如图 6-19 所示。

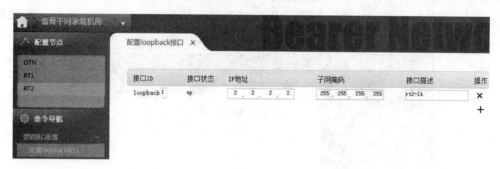

图 6-19　省骨干网承载机房中 RT2 的 loopback 地址

（3）OSPF 路由配置

① OSPF 全局配置

在"命令导航"区选择"OSPF 路由配置"，打开下一级命令菜单，选择"OSPF 全局配置"，在"参数配置"区输入 OSPF 全局参数，如图 6-20 所示。其中，router-id 就是 loopback 地址；全局 OSPF 状态应设置为"启用"。

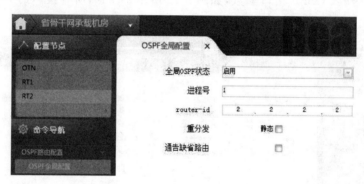

图 6-20　省骨干网承载机房中 RT2 的 OSPF 全局参数

② OSPF 接口配置

在"命令导航"区选择"OSPF 路由配置"，打开下一级命令菜单，选择"OSPF 接口配置"，在"参数配置"区输入 OSPF 接口参数，如图 6-21 所示。注意，所有接口的 OSPF 状态均应设置为"启用"。

接口ID	接口状态	ip地址	子网掩码	OSPF状态	OSPF区域	cost
100GE-1/1	up	192.10.10.2	255.255.255.252	启用	0	1
100GE-2/1	up	192.10.10.9	255.255.255.252	启用	0	1
100GE-3/1	up	200.10.10.9	255.255.255.252	启用	0	1
loopback 1	up	2.2.2.2	255.255.255.255	启用	0	1

图 6-21　省骨干网承载机房中 RT2 的 OSPF 接口配置

6.3.2　配置承载网核心层数据

从操作区右上角下拉菜单中选择"万绿市承载中心机房"菜单项,进入万绿市承载中心机房数据配置界面,它由"配置节点""命令导航"和"参数配置"3 个区域组成,如图 6-22 所示。

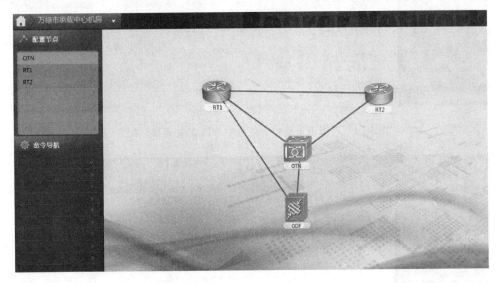

图 6-22　万绿市承载中心机房数据配置界面

1. 配置万绿市承载中心机房中的 OTN

在"配置节点"区选择"OTN",在"命令导航"区选择"频率配置",点击"参数配置"区中的"＋"号可添加数据,点击"参数配置"区中的"×"号可删除数据。依据规划输入参数,如图 6-23 所示。

图 6-23　万绿市承载中心机房中 OTN 的频率配置

2. 配置万绿市承载中心机房中的 RT1

(1) 物理接口配置

在"配置节点"区选择"RT1",在"命令导航"区选择"物理接口配置",在"参数配置"区输入物理接口地址,如图 6-24 所示。注意,端口连线后会显示为"up"状态,此时才能进行数据配置,端口为"down"状态时不能配置数据。

(2) 逻辑接口配置

在"命令导航"区选择"逻辑接口配置",打开下一级命令菜单,选择"配置 loopback 接口",在"参数配置"区输入 loopback 地址,如图 6-25 所示。

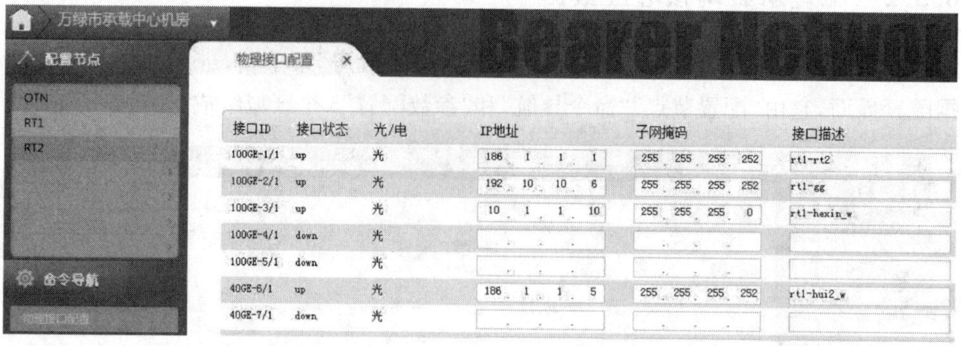

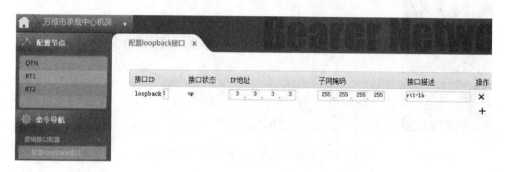

图 6-24　万绿市承载中心机房中 RT1 的物理接口配置

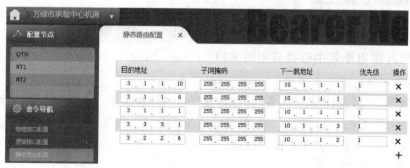

图 6-25　万绿市承载中心机房中 RT1 的 loopback 地址

(3) 静态路由配置

　　万绿市承载网通过承载中心机房中的 RT1 与万绿市核心网相连。由于核心网网元不支持 OSPF 动态路由协议,因此 RT1 应向核心网设备的协议接口做静态路由,并在"OSPF 全局配置"中启用静态重分发功能,使承载网中其他交换设备能够通过静态路由找到核心网设备的协议接口。因为承载网使用于核心网(MME 和 SGW)与 eNodeB 之间、两核心网 MME 之间以及不同核心网 MME 与 HSS 之间,所以要在 RT1 中分别做去往 S10、S6a (MME 和 HSS)、S1-MME 和 S1-U 接口的静态路由。在"命令导航"区选择"静态路由配置",在"参数配置"区添加静态路由,如图 6-26 所示。静态路由较多时,也可使用网络地址将多个路由合并在一起。例如,可将图 6-26 中的前 3 个静态路由合为一个,目的地址为 "3.1.1.0"。

图 6-26　万绿市承载中心机房中 RT1 的静态路由

（4）OSPF 路由配置

① OSPF 全局配置

在"命令导航"区选择"OSPF 路由配置"，打开下一级命令菜单，选择"OSPF 全局配置"，在"参数配置"区输入 OSPF 全局参数，如图 6-27 所示。其中，router-id 就是 loopback 地址；全局 OSPF 状态应设置为"启用"；勾选重分发后面的"静态"复选框。

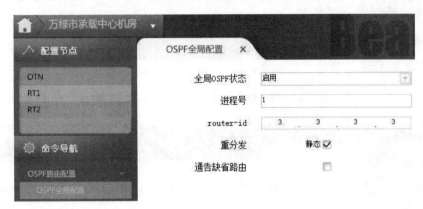

图 6-27 万绿市承载中心机房中 RT1 的 OSPF 全局参数

② OSPF 接口配置

在"命令导航"区选择"OSPF 路由配置"，打开下一级命令菜单，选择"OSPF 接口配置"，在"参数配置"区输入 OSPF 接口参数，如图 6-28 所示。注意，所有接口的 OSPF 状态均应设置为"启用"。

接口ID	接口状态	ip地址	子网掩码	OSPF状态	OSPF区域	cost
100GE-1/1	up	186.1.1.1	255.255.255.252	启用	0	1
100GE-2/1	up	192.10.10.6	255.255.255.252	启用	0	1
100GE-3/1	up	10.1.1.10	255.255.255.0	启用	0	1
40GE-6/1	up	186.1.1.5	255.255.255.252	启用	0	1
loopback 1	up	3.3.3.3	255.255.255.255	启用	0	1

图 6-28 万绿市承载中心机房中 RT1 的 OSPF 接口配置

3. 配置万绿市承载中心机房中的 RT2

（1）物理接口配置

在"配置节点"区选择"RT2"，在"命令导航"区选择"物理接口配置"，在"参数配置"区输入物理接口地址，如图 6-29 所示。注意，端口连线后会显示为"up"状态，此时才能进行数据配置，端口为"down"状态时不能配置数据。

（2）逻辑接口配置

在"命令导航"区选择"逻辑接口配置"，打开下一级命令菜单，选择"配置 loopback 接口"，在"参数配置"区输入 loopback 地址，如图 6-30 所示。

图 6-29　万绿市承载中心机房中 RT2 的物理接口配置

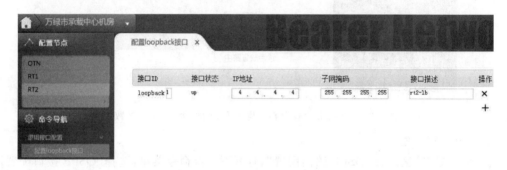

图 6-30　万绿市承载中心机房中 RT2 的 loopback 地址

（3）OSPF 路由配置

① OSPF 全局配置

在"命令导航"区选择"OSPF 路由配置"，打开下一级命令菜单，选择"OSPF 全局配置"，在"参数配置"区输入 OSPF 全局参数，如图 6-31 所示。其中，router-id 就是 loopback 地址；全局 OSPF 状态应设置为"启用"。

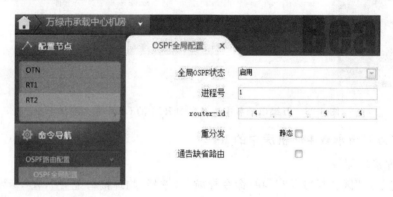

图 6-31　万绿市承载中心机房中 RT2 的 OSPF 全局参数

② OSPF 接口配置

在"命令导航"区选择"OSPF 路由配置"，打开下一级命令菜单，选择"OSPF 接口配置"，在"参数配置"区输入 OSPF 接口参数，如图 6-32 所示。注意，所有接口的 OSPF 状态均应设置为"启用"。

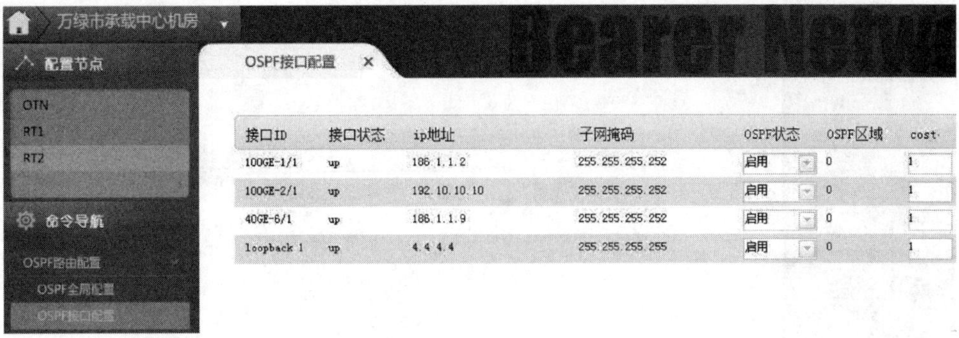

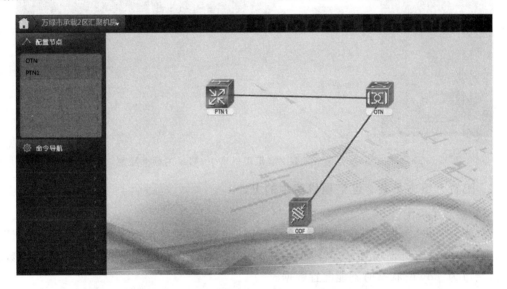

图 6-32 万绿市承载中心机房中 RT2 的 OSPF 接口配置

6.3.3 配置承载网汇聚层数据

万绿市承载网汇聚层包括 1 区、2 区和 3 区 3 个机房。从操作区右上角下拉菜单中选择"万绿市承载 2 区汇聚机房"菜单项,进入万绿市承载 2 区汇聚机房数据配置界面,它由"配置节点""命令导航"和"参数配置"3 个区域组成,如图 6-33 所示。万绿市承载 3 区汇聚机房数据配置界面与 2 区相同。

图 6-33 万绿市承载 2 区汇聚机房数据配置界面

若从操作区右上角下拉菜单中选择"万绿市承载 1 区汇聚机房"菜单项,可进入万绿市承载 1 区汇聚机房数据配置界面,它也由"配置节点""命令导航"和"参数配置"3 个区域组成,如图 6-34 所示。

1. 配置万绿市承载 2 区汇聚机房中的 OTN

在"配置节点"区选择"OTN",进入万绿市承载 2 区汇聚机房数据配置界面,在"命令导航"区选择"频率配置",点击"参数配置"区中的"＋"号可添加数据,点击"参数配置"区中的"×"号可删除数据。依据规划输入参数,如图 6-35 所示。点击"确定"按钮保存数据。

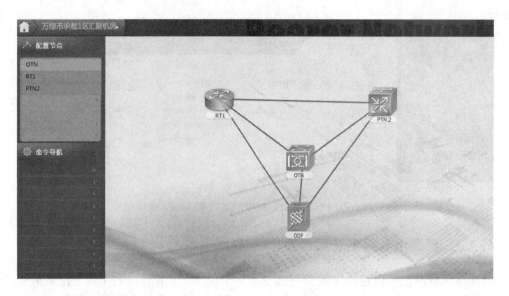

图 6-34　万绿市承载 1 区汇聚机房数据配置界面

图 6-35　万绿市承载 2 区汇聚机房中 OTN 的频率配置

2. 配置万绿市承载 2 区汇聚机房中的 PTN1

（1）物理接口配置

在"配置节点"区选择"PTN1"，在"命令导航"区选择"物理接口配置"，在"参数配置"区输入 VLAN 号，如图 6-36 所示。注意，端口连线后会显示为"up"状态，此时才能进行数据配置，端口为"down"状态时不能配置数据。

图 6-36　万绿市承载 2 区汇聚机房中 PTN1 的物理接口配置

（2）逻辑接口配置

① 配置 loopback 接口

在"命令导航"区选择"逻辑接口配置"，打开下一级命令菜单，选择"配置 loopback 接口"，在"参数配置"区输入 loopback 地址，如图 6-37 所示。

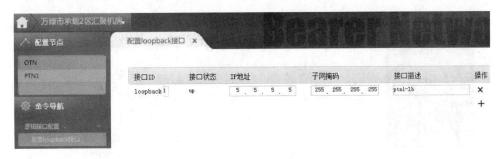

图 6-37　万绿市承载 2 区汇聚机房中 PTN1 的 loopback 地址

② 配置 VLAN 三层接口

在"命令导航"区选择"逻辑接口配置"，打开下一级命令菜单，选择"配置 VLAN 三层接口"，在"参数配置"区输入 VLAN 三层接口的 IP 地址，如图 6-38 所示。

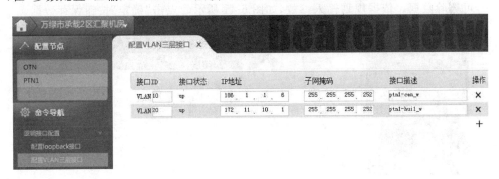

图 6-38　万绿市承载 2 区汇聚机房中 PTN1 的 VLAN 三层接口

（3）OSPF 路由配置

① OSPF 全局配置

在"命令导航"区选择"OSPF 路由配置"，打开下一级命令菜单，选择"OSPF 全局配置"，在"参数配置"区输入 OSPF 全局参数，如图 6-39 所示。其中，router-id 就是 loopback 地址；全局 OSPF 状态应设置为"启用"。

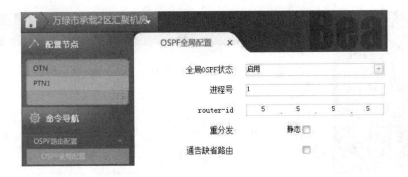

图 6-39　万绿市承载 2 区汇聚机房中 PTN1 的 OSPF 全局参数

② OSPF 接口配置

在"命令导航"区选择"OSPF 路由配置",打开下一级命令菜单,选择"OSPF 接口配置",在"参数配置"区输入 OSPF 接口参数,如图 6-40 所示。注意,所有接口的 OSPF 状态均应设置为"启用"。

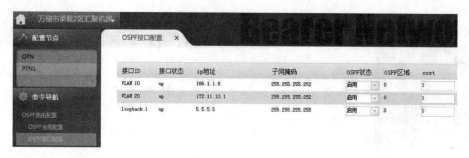

图 6-40　万绿市承载 2 区汇聚机房中 PTN1 的 OSPF 接口配置

3. 配置万绿市承载 3 区汇聚机房中的 OTN

进入万绿市承载 3 区汇聚机房数据配置界面,在"配置节点"区选择"OTN",在"命令导航"区选择"频率配置",点击"参数配置"区中的"＋"号可添加数据,点击"参数配置"区中的"×"号可删除数据。依据规划输入参数,如图 6-41 所示。点击"确定"按钮保存数据。

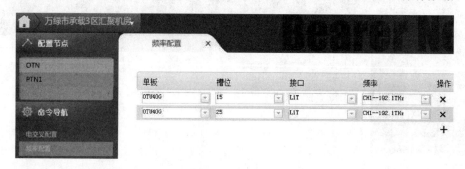

图 6-41　万绿市承载 3 区汇聚机房中 OTN 的频率配置

4. 配置万绿市承载 3 区汇聚机房中的 PTN1

（1）物理接口配置

在"配置节点"区选择"PTN1",在"命令导航"区选择"物理接口配置",在"参数配置"区输入 VLAN 号,如图 6-42 所示。注意,端口连线后会显示为"up"状态,此时才能进行数据配置,端口为"down"状态时不能配置数据。

图 6-42　万绿市承载 3 区汇聚机房中 PTN1 的物理接口配置

（2）逻辑接口配置

① 配置 loopback 接口

在"命令导航"区选择"逻辑接口配置"，打开下一级命令菜单，选择"配置 loopback 接口"，在"参数配置"区输入 loopback 地址，如图 6-43 所示。

图 6-43　万绿市承载 3 区汇聚机房中 PTN1 的 loopback 地址

② 配置 VLAN 三层接口

在"命令导航"区选择"逻辑接口配置"，打开下一级命令菜单，选择"配置 VLAN 三层接口"，在"参数配置"区输入 VLAN 三层接口的 IP 地址，如图 6-44 所示。

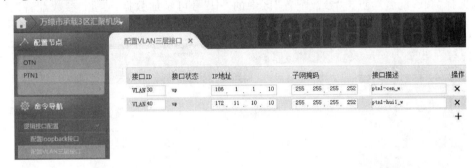

图 6-44　万绿市承载 3 区汇聚机房中 PTN1 的 VLAN 三层接口

（3）OSPF 路由配置

① OSPF 全局配置

在"命令导航"区选择"OSPF 路由配置"，打开下一级命令菜单，选择"OSPF 全局配置"，在"参数配置"区输入 OSPF 全局参数，如图 6-45 所示。其中，router-id 就是 loopback 地址；全局 OSPF 状态应设置为"启用"。

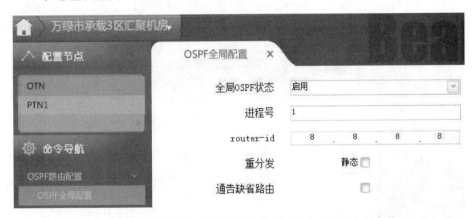

图 6-45　万绿市承载 3 区汇聚机房中 PTN1 的 OSPF 全局参数

② OSPF 接口配置

在"命令导航"区选择"OSPF 路由配置",打开下一级命令菜单,选择"OSPF 接口配置",在"参数配置"区输入 OSPF 接口参数,如图 6-46 所示。注意,所有接口的 OSPF 状态均应设置为"启用"。

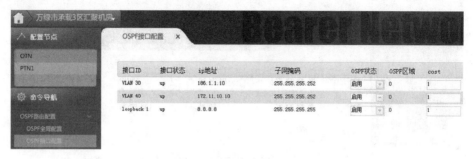

图 6-46　万绿市承载 3 区汇聚机房中 PTN1 的 OSPF 接口配置

5. 配置万绿市承载 1 区汇聚机房中的 OTN

进入万绿市承载 1 区汇聚机房数据配置界面,在"配置节点"区选择"OTN",在"命令导航"区选择"频率配置",点击"参数配置"区中的"＋"号可添加数据,点击"参数配置"区中的"×"号可删除数据。依据规划输入参数,如图 6-47 所示。点击"确定"按钮保存数据。

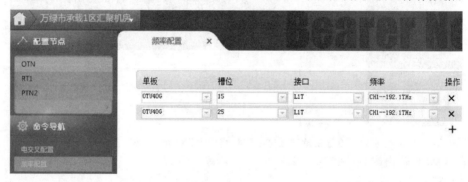

图 6-47　万绿市承载 1 区汇聚机房中 OTN 的频率配置

6. 配置万绿市承载 1 区汇聚机房中的 RT1

(1) 物理接口配置

在"配置节点"区选择"RT1",在"命令导航"区选择"物理接口配置",在"参数配置"区输入物理接口地址,如图 6-48 所示。注意,端口连线后会显示为"up"状态,此时才能进行数据配置,端口为"down"状态时不能配置数据。

图 6-48　万绿市承载 1 区汇聚机房中 RT1 的物理接口配置

（2）逻辑接口配置

在"命令导航"区选择"逻辑接口配置"，打开下一级命令菜单，选择"配置 loopback 接口"，在"参数配置"区输入 loopback 地址，如图 6-49 所示。

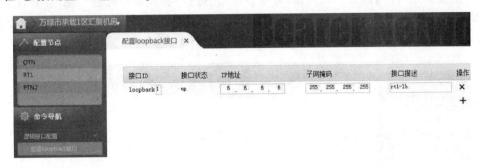

图 6-49　万绿市承载 1 区汇聚机房中 RT1 的 loopback 地址

（3）OSPF 路由配置

① OSPF 全局配置

在"命令导航"区选择"OSPF 路由配置"，打开下一级命令菜单，选择"OSPF 全局配置"，在"参数配置"区输入 OSPF 全局参数，如图 6-50 所示。其中，router-id 就是 loopback 地址；全局 OSPF 状态应设置为"启用"。

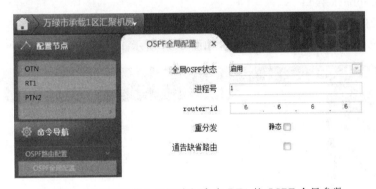

图 6-50　万绿市承载 1 区汇聚机房中 RT1 的 OSPF 全局参数

② OSPF 接口配置

在"命令导航"区选择"OSPF 路由配置"，打开下一级命令菜单，选择"OSPF 接口配置"，在"参数配置"区输入 OSPF 接口参数，如图 6-51 所示。注意，所有接口的 OSPF 状态均应设置为"启用"。

接口ID	接口状态	ip地址	子网掩码	OSPF状态	OSPF区域	cost
40GE-1/1	up	172.11.10.5	255.255.255.252	启用	0	1
40GE-2/1	up	172.11.10.2	255.255.255.252	启用	0	1
10GE-6/1	up	168.18.18.1	255.255.255.252	启用	0	1
loopback 1	up	6.6.6.6	255.255.255.255	启用	0	1

图 6-51　万绿市承载 1 区汇聚机房中 RT1 的 OSPF 接口配置

7. 配置万绿市承载 1 区汇聚机房中的 PTN2

（1）物理接口配置

在"配置节点"区选择"PTN2"，在"命令导航"区选择"物理接口配置"，在"参数配置"区输入 VLAN 号，如图 6-52 所示。注意，端口连线后会显示为"up"状态，此时才能进行数据配置，端口为"down"状态时不能配置数据。

图 6-52　万绿市承载 1 区汇聚机房中 PTN2 的物理接口配置

（2）逻辑接口配置

① 配置 loopback 接口

在"命令导航"区选择"逻辑接口配置"，打开下一级命令菜单，选择"配置 loopback 接口"，在"参数配置"区输入 loopback 地址，如图 6-53 所示。

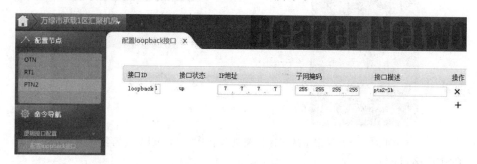

图 6-53　万绿市承载 1 区汇聚机房中 PTN2 的 loopback 地址

② 配置 VLAN 三层接口

在"命令导航"区选择"逻辑接口配置"，打开下一级命令菜单，选择"配置 VLAN 三层接口"，在"参数配置"区输入 VLAN 三层接口的 IP 地址，如图 6-54 所示。

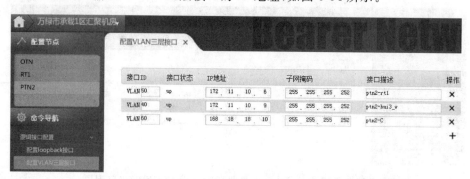

图 6-54　万绿市承载 1 区汇聚机房中 PTN2 的 VLAN 三层接口

（3）OSPF 路由配置

① OSPF 全局配置

在"命令导航"区选择"OSPF 路由配置"，打开下一级命令菜单，选择"OSPF 全局配置"，在"参数配置"区输入 OSPF 全局参数，如图 6-55 所示。其中，router-id 就是 loopback 地址；全局 OSPF 状态应设置为"启用"。

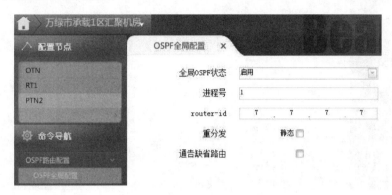

图 6-55　万绿市承载 1 区汇聚机房中 PTN2 的 OSPF 全局参数

② OSPF 接口配置

在"命令导航"区选择"OSPF 路由配置"，打开下一级命令菜单，选择"OSPF 接口配置"，在"参数配置"区输入 OSPF 接口参数，如图 6-56 所示。注意，所有接口的 OSPF 状态均应设置为"启用"。

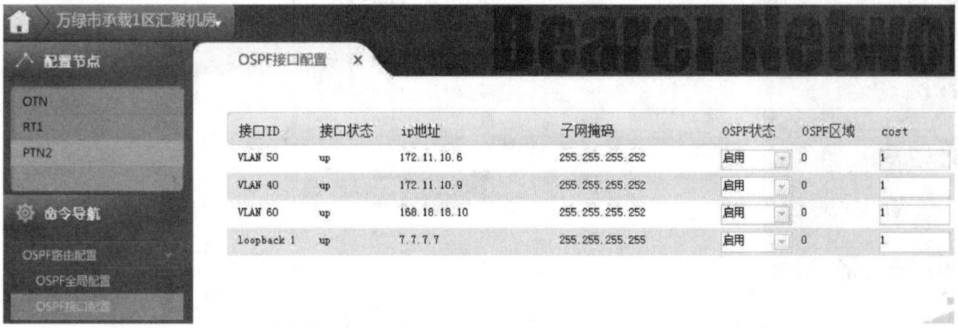

图 6-56　万绿市承载 1 区汇聚机房中 PTN2 的 OSPF 接口配置

6.3.4　配置承载网接入层数据

万绿市承载网接入层包括 A 站点、B 站点和 C 站点 3 个机房。从操作区右上角下拉菜单中选择"万绿市 B 站点机房"菜单项，进入万绿市 B 站点机房数据配置界面，它由"配置节点""命令导航"和"参数配置"3 个区域组成，如图 6-57 所示。万绿市 A 站点和 C 站点机房数据配置界面与 B 站点相同。

1. 配置万绿市 B 站点机房中的 PTN1

（1）物理接口配置

在"配置节点"区选择"PTN1"，在"命令导航"区选择"物理接口配置"，在"参数配置"区输入 VLAN 号，如图 6-58 所示。注意，端口连线后会显示为"up"状态，此时才能进行数据配置,端口为"down"状态时不能配置数据。

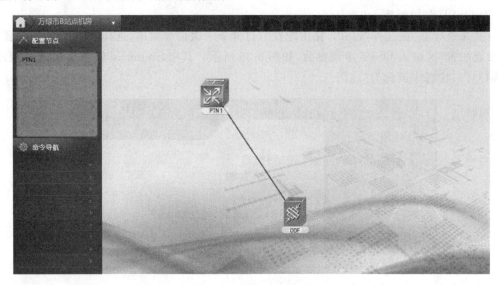

图 6-57　万绿市 B 站点机房数据配置界面

图 6-58　万绿市 B 站点机房中 PTN1 的物理接口配置

（2）逻辑接口配置

① 配置 loopback 接口

在"命令导航"区选择"逻辑接口配置",打开下一级命令菜单,选择"配置 loopback 接口",在"参数配置"区输入 loopback 地址,如图 6-59 所示。

图 6-59　万绿市 B 站点机房中 PTN1 的 loopback 地址

② 配置 VLAN 三层接口

在"命令导航"区选择"逻辑接口配置",打开下一级命令菜单,选择"配置 VLAN 三层接口",在"参数配置"区输入 VLAN 三层接口的 IP 地址,如图 6-60 所示。

图 6-60　万绿市 B 站点机房中 PTN1 的 VLAN 三层接口

(3) OSPF 路由配置

① OSPF 全局配置

在"命令导航"区选择"OSPF 路由配置",打开下一级命令菜单,选择"OSPF 全局配置",在"参数配置"区输入 OSPF 全局参数,如图 6-61 所示。其中,router-id 就是 loopback 地址;全局 OSPF 状态应设置为"启用"。

图 6-61　万绿市 B 站点机房中 PTN1 的 OSPF 全局参数

② OSPF 接口配置

在"命令导航"区选择"OSPF 路由配置",打开下一级命令菜单,选择"OSPF 接口配置",在"参数配置"区输入 OSPF 接口参数,如图 6-62 所示。注意,所有接口的 OSPF 状态均应设置为"启用"。

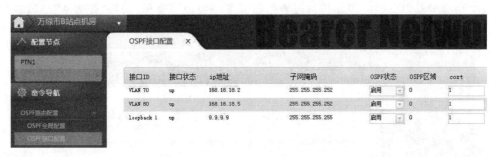

图 6-62　万绿市 B 站点机房中 PTN1 的 OSPF 接口配置

2. 配置万绿市 C 站点机房中的 PTN1

（1）物理接口配置

进入万绿市 C 站点机房数据配置界面，在"配置节点"区选择"PTN1"，在"命令导航"区选择"物理接口配置"，在"参数配置"区输入 VLAN 号，如图 6-63 所示。注意，端口连线后会显示为"up"状态，此时才能进行数据配置，端口为"down"状态时不能配置数据。

图 6-63　万绿市 C 站点机房中 PTN1 的物理接口配置

（2）逻辑接口配置

① 配置 loopback 接口

在"命令导航"区选择"逻辑接口配置"，打开下一级命令菜单，选择"配置 loopback 接口"，在"参数配置"区输入 loopback 地址，如图 6-64 所示。

图 6-64　万绿市 C 站点机房中 PTN1 的 loopback 地址

② 配置 VLAN 三层接口

在"命令导航"区选择"逻辑接口配置"，打开下一级命令菜单，选择"配置 VLAN 三层接口"，在"参数配置"区输入 VLAN 三层接口的 IP 地址，如图 6-65 所示。

图 6-65　万绿市 C 站点机房中 PTN1 的 VLAN 三层接口

（3）OSPF 路由配置

① OSPF 全局配置

在"命令导航"区选择"OSPF 路由配置"，打开下一级命令菜单，选择"OSPF 全局配置"，在"参数配置"区输入 OSPF 全局参数，如图 6-66 所示。其中，router-id 就是 loopback 地址；全局 OSPF 状态应设置为"启用"。

图 6-66　万绿市 C 站点机房中 PTN1 的 OSPF 全局参数

② OSPF 接口配置

在"命令导航"区选择"OSPF 路由配置"，打开下一级命令菜单，选择"OSPF 接口配置"，在"参数配置"区输入 OSPF 接口参数，如图 6-67 所示。注意，所有接口的 OSPF 状态均应设置为"启用"。

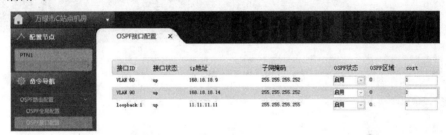

图 6-67　万绿市 C 站点机房中 PTN1 的 OSPF 接口配置

3. 配置万绿市 A 站点机房中的 PTN1

（1）物理接口配置

进入万绿市 A 站点机房数据配置界面，在"配置节点"区选择"PTN1"，在"命令导航"区选择"物理接口配置"，在"参数配置"区输入 VLAN 号，如图 6-68 所示。注意，端口连线后会显示为"up"状态，此时才能进行数据配置，端口为"down"状态时不能配置数据。

图 6-68　万绿市 A 站点机房中 PTN1 的物理接口配置

（2）逻辑接口配置

① 配置 loopback 接口

在"命令导航"区选择"逻辑接口配置"，打开下一级命令菜单，选择"配置 loopback 接口"，在"参数配置"区输入 loopback 地址，如图 6-69 所示。

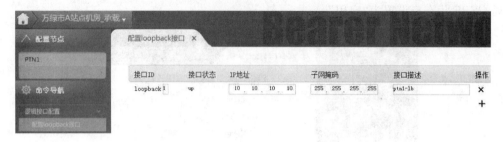

图 6-69　万绿市 A 站点机房中 PTN1 的 loopback 地址

② 配置 VLAN 三层接口

在"命令导航"区选择"逻辑接口配置"，打开下一级命令菜单，选择"配置 VLAN 三层接口"，在"参数配置"区输入 VLAN 三层接口的 IP 地址，如图 6-70 所示。

图 6-70　万绿市 A 站点机房中 PTN1 的 VLAN 三层接口

（3）OSPF 路由配置

① OSPF 全局配置

在"命令导航"区选择"OSPF 路由配置"，打开下一级命令菜单，选择"OSPF 全局配置"，在"参数配置"区输入 OSPF 全局参数，如图 6-71 所示。其中，router-id 就是 loopback 地址；全局 OSPF 状态应设置为"启用"。

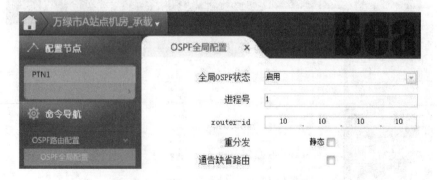

图 6-71　万绿市 A 站点机房中 PTN1 的 OSPF 全局参数

② OSPF 接口配置

在"命令导航"区选择"OSPF 路由配置",打开下一级命令菜单,选择"OSPF 接口配置",在"参数配置"区输入 OSPF 接口参数,如图 6-72 所示。注意,所有接口的 OSPF 状态均应设置为"启用"。

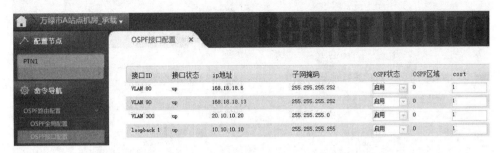

图 6-72　万绿市 A 站点机房中 PTN1 的 OSPF 接口配置

到这里,万绿市承载网的数据已经配置完毕。千湖市和百山市承载网的数据设置方法与万绿市相同,可根据图 6-1 和图 6-2 进行配置,此处不再重述。

6.3.5　测试承载网和全网业务

启动并登录仿真软件,选择"业务调试"标签,点击操作区左上角"承载"标签,进入承载网测试界面,如图 6-73 所示。

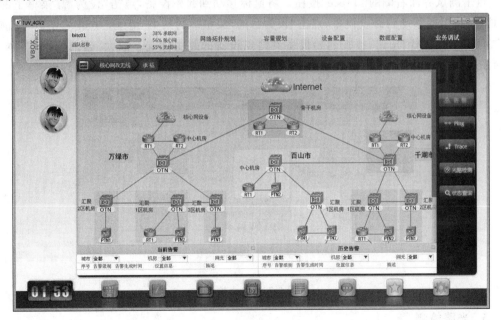

图 6-73　承载网测试界面

1. 连通性检测

点击测试界面右侧的"Ping"按钮。将鼠标移动到起始设备,点击"设为源"菜单下的某 IP 地址;将鼠标移动到终点设备,点击"设为目的"菜单下的某 IP 地址。点击左下方"当前结果"窗体中的"执行"按钮,检查起始设备与终点设备的 IP 连通性情况,如图 6-74 所示。放大

"当前结果"窗体,可显示连通性检测的详细结果。

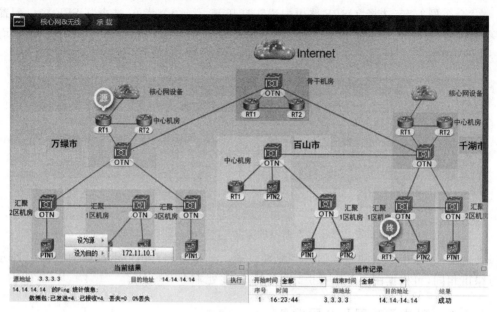

图 6-74　连通性检测

2. 路由检测

点击测试界面右侧的"Trace"按钮。将鼠标移动到起始设备,点击"设为源"菜单下的某 IP 地址;将鼠标移动到终点设备,点击"设为目的"菜单下的某 IP 地址。点击左下方"当前结果"窗体中的"执行"按钮,检查起始设备到终点设备的路由情况。放大"当前结果"窗体,可显示路由检测的详细结果,如图 6-75 所示。

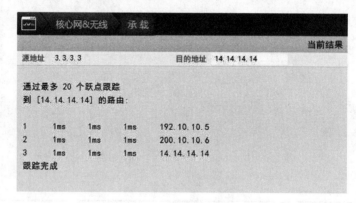

图 6-75　路由检测

3. 光路检测

点击测试界面右侧的"光路检测"按钮。将鼠标移动到起始设备,点击"设为源"菜单下的某个单板的某条光路;将鼠标移动到终点设备,点击"设为目的"菜单下的某个单板的某条光路。点击左下方"当前结果"窗体中的"执行"按钮,检查起始设备与终点设备的光路连通情况,如图 6-76 所示。

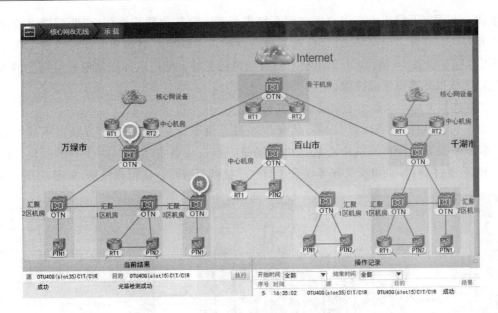

图 6-76　光路检测

4. 工程模式下的业务验证

点击操作区左上角"核心网 & 无线"标签,并从操作区右上角下拉菜单中选择"工程模式"菜单项。点击测试界面右侧的"业务验证"按钮,显示业务验证界面。设置移动终端参数,点击终端屏幕中的视频或下载按钮,观察视频播放或数据下载的情况,如图 6-77 所示。

图 6-77　工程模式下的业务验证

6.3.6　配置电交叉和三层交换机

1. 配置电交叉

OTN 不仅提供了光转换单元,还提供了电交叉子系统,以实现大颗粒用户业务的接入和承载。下面以万绿市承载中心机房到万绿市承载 2 区汇聚机房为例,说明配置电交叉的过程和方法。在配置电交叉之前,首先要拔除万绿市承载中心机房和万绿市承载 2 区汇聚机房中 OTN 设备 15 槽位 OUT 单板上所有端口的光纤。使用鼠标拖动单板端口上的光纤到端口区域以外即可完成拔除。

(1)连接万绿市承载中心机房电交叉设备

点击仿真软件"设备配置"标签,从操作区右上角下拉菜单中选择"万绿市承载中心机房"菜单项,显示万绿市承载中心机房内部场景。点击设备指示图中的任一图标显示线缆池。RT1 通过 OTN 的电交叉子系统和 ODF,连接到万绿市 2 区汇聚机房,如图 6-78 所示。

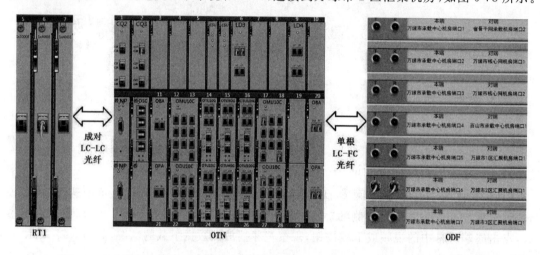

图 6-78 用电交叉连接万绿市 2 区汇聚机房

① 从线缆池中选择成对 LC-LC 光纤;点击设备指示图中的 RT1 图标打开 RT1 面板,点击 6 槽位单板的 40G 光纤端口;点击设备指示图中的 OTN 图标打开 OTN 面板,点击 2 槽位 CQ3 单板的 C1T/C1R 端口。

② 从线缆池中选择单根 LC-LC 光纤;点击 OTN 面板 6 槽位 LD3 单板的 L1T 端口;点击 OTN 面板 17、18 槽位 OMU 单板的 CH1 端口。

③ 从线缆池中选择单根 LC-LC 光纤;点击 OTN 面板 27、28 槽位 ODU 单板的 CH1 端口;点击 OTN 面板 6 槽位 LD3 单板的 L1R 端口。

(2)连接万绿市承载 2 区汇聚机房电交叉设备

从操作区右上角下拉菜单中选择"万绿市承载 2 区汇聚机房"菜单项,显示万绿市承载中心机房内部场景。点击设备指示图中的任一图标显示线缆池。PTN1 通过 OTN 的电交叉子系统和 ODF,连接到万绿市承载中心机房,如图 6-79 所示。

① 从线缆池中选择成对 LC-LC 光纤;点击设备指示图中的 PTN1 图标打开 PTN1 面板,点击 1 槽位单板的 40G 光纤端口;点击设备指示图中的 OTN 图标打开 OTN 面板,点击 2 槽位 CQ3 单板的 C1T/C1R 端口。

② 从线缆池中选择单根 LC-LC 光纤;点击 OTN 面板 6 槽位 LD3 单板的 L1T 端口;点击 OTN 面板 12、13 槽位 OMU 单板的 CH1 端口。

③ 从线缆池中选择单根 LC-LC 光纤;点击 OTN 面板 22、23 槽位 ODU 单板的 CH1 端口;点击 OTN 面板 6 槽位 LD3 单板的 L1R 端口。

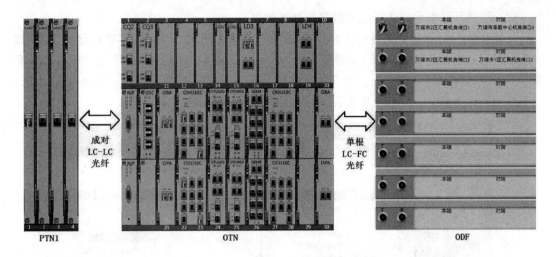

图 6-79　用电交叉连接万绿市承载中心机房

（3）配置万绿市承载中心机房电交叉数据

点击仿真软件"数据配置"标签，从操作区右上角下拉菜单中选择"万绿市承载中心机房"菜单项，进入万绿市承载中心机房数据配置界面。在"配置节点"区选择"OTN"，在"命令导航"区选择"电交叉配置"，点击"参数配置"区中的"＋"号可添加数据，点击"参数配置"区中的"×"号可删除数据。依据规划输入参数，如图 6-80 所示。

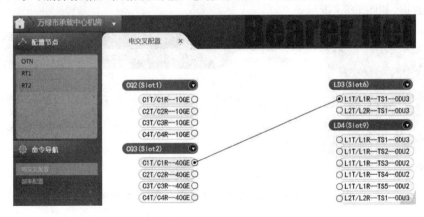

图 6-80　万绿市承载中心机房中 OTN 的电交叉配置

在"命令导航"区选择"频率配置"，删除"参数配置"区中 15 槽位的单板数据，添加 6 槽位的单板数据，如图 6-81 所示。

图 6-81　万绿市承载中心机房中 OTN 的频率配置

（4）配置万绿市承载 2 区汇聚机房电交叉数据

从操作区右上角下拉菜单中选择"万绿市承载 2 区汇聚机房"菜单项，进入万绿市承载 2 区汇聚机房数据配置界面。在"配置节点"区选择"OTN"，在"命令导航"区选择"电交叉配置"，点击"参数配置"区中的"＋"号可添加数据，点击"参数配置"区中的"×"号可删除数据。依据规划输入参数，如图 6-82 所示。

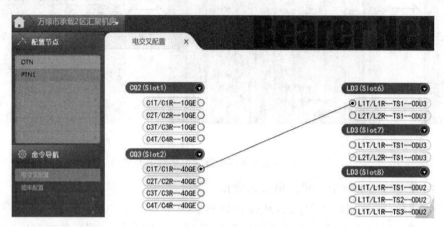

图 6-82　万绿市承载 2 区汇聚机房中 OTN 的电交叉配置

在"命令导航"区选择"频率配置"，删除"参数配置"区中 15 槽位的单板数据，添加 6 槽位的单板数据，如图 6-83 所示。

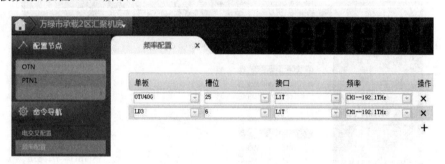

图 6-83　万绿市承载 2 区汇聚机房中 OTN 的频率配置

2. 配置三层交换机

4G 移动通信系统核心网中的各个网元要通过交换设备连接在一起，可以使用二层交换机（如项目 2 和项目 3），也可使用三层交换机。由于核心网网元不支持 OSPF 动态路由协议，因此使用三层交换机时，应在交换机上做去往核心网设备协议接口的静态路由，并在"OSPF 全局配置"中启用静态重分发功能，以便使承载网中的交换设备能通过核心网中的三层交换机找到核心网网元。三层交换机的配置方法与 PTN 相同，此处不再重述。图 6-84 和图 6-85 分别为核心网使用三层交换机的案例，读者可参考此规划完成硬件连接和数据配置。在图 6-84 所示的案例中，万绿市核心网只使用了三层交换机 SW1 连接各网元，且 SW1 连接各网元的端口属于同一个 VLAN；在图 6-85 所示的案例中，万绿市核心网同时使用三层交换机 SW1 和 SW2 冗余连接各网元，且交换机连接各网元的端口属于不同的 VLAN。

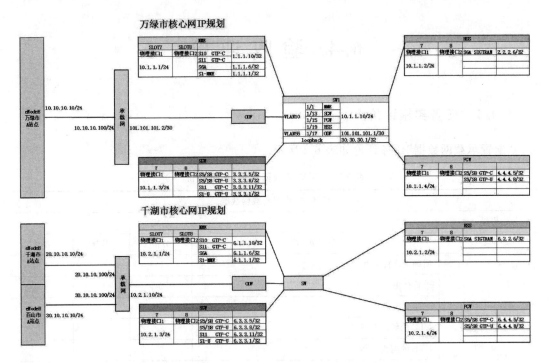

图 6-84   核心网中三层交换机的端口属于同一个 VLAN

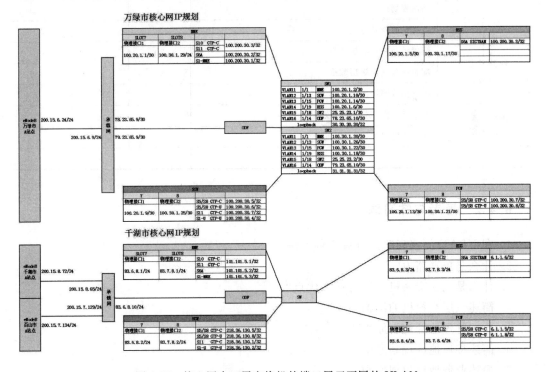

图 6-85   核心网中三层交换机的端口属于不同的 VLAN

6.4 验 收 评 价

6.4.1 任务实施评价

"配置承载网数据"任务评价如表 6-2 所示。

表 6-2 "配置承载网数据"任务评价

任务 6 配置承载网数据

班级			小组		
评价要点	评价内容		分值	得分	备注
基础知识 （40 分）	明确工作任务和目标		5		
	单臂路由		5		
	三层交换机		5		
	LTE 的频段和频点		5		
	LTE 的网络结构		5		
	IP 地址规划原则		5		
	路由规划原则		5		
	电交叉的规划原则		5		
任务实施 （50 分）	配置承载网核心层数据		20		
	配置承载网汇聚层数据		20		
	配置承载网接入层数据		10		
操作规范 （10 分）	按规范操作，防止损坏仪器仪表		5		
	保持环境卫生，注意用电安全		5		
合计			100		

6.4.2 思考与练习题

1. 在 VLAN 间实现路由有哪 3 种方法？
2. 什么是单臂路由？
3. 什么是三层交换机？它有什么优点？
4. 简述三层交换机的结构。
5. 简述管理地址规划原则。
6. 简述接口地址规划原则。
7. 简述业务地址规划原则。
8. 简述静态路由规划。
9. 简述动态路由协议规划。
10. 简述电交叉的规划原则。

参 考 文 献

[1] 谢显中.基于 TDD 的第四代移动通信技术[M].北京:电子工业出版社,2005.

[2] 吴伟陵,牛凯.移动通信原理[M].2 版.北京:电子工业出版社,2009.

[3] 陶小峰,崔琪楣,许晓东,等.4G/B4G 关键技术及系统[M].北京:人民邮电出版社,2011.

[4] 啜钢,王文博,常永宇,等.移动通信原理与系统[M].3 版.北京:北京邮电大学出版社,2015.

[5] 姚伟.4G 基站建设与维护[M].北京:机械工业出版社,2015.

[6] 张晟,商亮,孔建坤,等.4G 小基站系统原理、组网及应用[M].北京:人民邮电出版社,2015.

[7] 庞韶敏,李亚波.移动通信核心网[M].北京:电子工业出版社,2016.

[8] 王晖,余永聪,张磊.4G 核心网络规划与设计[M].北京:人民邮电出版社,2016.

[9] 梁德厚,张洋,刘兆瑜.第四代移动通信网络原理与维护[M].北京:北京邮电大学出版社,2016.

[10] 张守国,王建斌,李曙海,等.4G 无线网络原理及优化[M].北京:清华大学出版社,2017.

[11] 蔡跃明,吴启晖,田华,等.现代移动通信[M].4 版.北京:机械工业出版社,2017.

[12] 易著梁,黄继文,陈玉胜.4G 移动通信技术与应用[M].北京:人民邮电出版社,2017.

[13] 崔盛山.现代移动通信原理与应用[M].北京:人民邮电出版社,2017.

[14] 李明欣,徐健.4G 网络专项优化技术实践[M].北京:人民邮电出版社,2018.

[15] 季智红,房磊,杨军,等.4G 无线网规划建设与优化[M].北京:人民邮电出版社,2018.